Graeme Mears, David Shulman
1. Platz TEAM CLASS, TOP GUN 2010
mit Olympus HP powered scale 1:5 F-16

ROYAL AIR FORCE

Dr. Heinrich Voss

Modell-Turbinen

praxisnah

wellhausen & marquardt
Mediengesellschaft

THE MENACE

Impressum

Modell-Turbinen
praxisnah

Dr. Heinrich Voss

Herausgeber
Tom Wellhausen

Verlag & Redaktion:
Wellhausen & Marquardt
Mediengesellschaft bR
Hans-Henny-Jahnn-Weg 51
22085 Hamburg

Telefon: 040 / 42 91 77-300
Telefax: 040 / 42 91 77-399
Internet: http://www.wm-medien.de
E-Mail: redaktion@wm-medien.de

Redaktion:
Mario Bicher, Jan Schnare,
Jan Schönberg, Stefan Strobel

Leitung Redaktion/Grafik
Christoph Bremer

Grafik:
Martina Gnaß

Geschäftsführer:
Sebastian Marquardt

Druck:
Grafisches Centrum Cuno
GmbH & Co.KG
Gewerbering West 27
39240 Calbe

Telefon: 03 92 91/428-0
Telefax: 03 92 91/428-28
Internet: www.cunodruck.de

Modell-Turbinen praxisnah ist ein Fachbuch der Zeitschrift

Modell AVIATOR www.modell-aviator.de

wellhausen & marquardt
Mediengesellschaft

Printed in Germany
ISBN: 978-3-939806-042

Inhaltsverzeichnis

Vorwort

Jetmodelle haben sich in einem Zeitraum von etwa 20 Jahren erstaunlich entwickelt. Meine Eindrücke von der ersten Weltmeisterschaft für Jetmodelle im August 1995 in Neu-Ulm sind noch lebendig. Das Auftreten der ersten Gasturbinen faszinierte Teilnehmer und Zuschauer. Heute zeigen Jetmodelle ein Bild der technischen Perfektion, wie sie selten in einer Modellflugklasse erreicht wurde. Jetmodelle – natürlich mit Gasturbinenantrieb – sind heute kaum mehr von ihren Originalen zu unterscheiden.

In zahlreichen Gesprächen konnte ich erfahren, dass sich das Prinzip des Turbinenantriebs häufig der Erfahrungswelt des Modellfliegers entzieht. Hierfür sehe ich verschiedene Gründe: Strömungsvorgänge in rotierenden Maschinen sind schwierig.

Besonders weil der Wechsel vom stationären in das rotierende System ein ständiges Umdenken zur Folge hat. Die Kenntnisse über die Wirkungsweise einer Gasturbine und insbesondere die Beurteilung des Betriebsverhaltens spielen bereits in den ingenieurmäßigen Bereich hinein. Dieses Buch soll eine Brücke bauen, indem es erst die Grundlagen des Turbinenantriebs erläutert und dann die Praxis beim Jetmodellfliegen anspricht.

Mir wird häufig zu verstehen gegeben, dass Formeln den Leser abschrecken, obwohl sie für den Fachmann die nötige mathematische Klarheit liefern. Aus meiner eigenen Erfahrung weiß ich um diese Schwierigkeiten. Doch nach vielen verbalen Erläuterungen möchte sich manch einer auch einmal hinsetzen und bestimmte Zusammenhänge bis hin zu den Zahlenwerten verfolgen können. So erhält man eine Vorstellung von den Größenordnungen und den nötigen Respekt vor der Leistungskonzentration im Turbinenbau.

Heute werden die Jet-Vorbilder maßstabsgetreu nachgebaut und mit leistungsfähigen Strahltriebwerken angetrieben. So übertragen sich auch die hohen Flächenbelastungen und Abhebegeschwindigkeiten vom

Original auf das Modell. Ein Jetmodell erreicht schließlich antriebsbedingt eine hohe Fluggeschwindigkeit, was eine Annäherung an die verschiedenen Grenzen in der Flugstabilität, der mechanischen Belastbarkeit von Flügel und Zelle und der Antriebstechnik bedeutet.

Dieses Buch soll den früheren „Traum von der Düse“ durch eine möglichst umfassende Information über den Turbinenantrieb greifbar machen. Der Gebrauch für den Begriff „Turbine“ in diesem Buch ist umgangssprachlich. In der Literatur wird die Verbrennungskraftmaschine mit kontinuierlicher Verbrennung als Gasturbine bezeichnet, nicht weil sie etwa mit Gas als Brennstoff betrieben wird, sondern weil Abgas in der Turbinenstufe entspannt wird. Strahltriebwerke werden zur Schuberzeugung eingesetzt, Nutzleistungsturbinen erzeugen eine Wellenleistung, die zum Antrieb von Propellern und Hubschraubern dienen.

Natürlich hat sich ein Autor darüber Gedanken zu machen, bis zu welcher wissenschaftlichen „Tiefe“ die Erläuterungen gehen sollen. Da wir es bei der Gasturbine mit einer klassischen, thermischen Kraftmaschine zu tun haben, muss man sich auch der Thermodynamik von Gasen (zu denen auch die Luft zählt) nähern, deren Begriffswelt dem Laien ziemlich fremd ist. Trotzdem wage ich den Versuch, einige der Grundsätze möglichst anschaulich zu erklären.

Dr. Heinrich Voss

1. Einleitung

1. Einleitung

Die historische Entwicklung des Strahltriebwerks wurde nahezu zeitgleich in England und Deutschland vollzogen. Aus verschiedenen physikalischen Analysen war bekannt, dass hohe Fluggeschwindigkeiten nicht mit Propellerantrieben, sondern nur mit einem Strahlantrieb zu erreichen wären. 1930 wurde dem Engländer Frank Whittle ein erstes Patent für eine Gasturbine zur Schuberzeugung erteilt. Es sollte aber noch 11 Jahre dauern, bis das erste Triebwerk dieser Art zum Einsatz kam. In Deutschland forschte der Physiker Hans von Ohain an dem neuen Triebwerk für den militärischen Einsatz.

Zwei grundsätzliche Probleme mussten beide Forscher lösen: Das Turbinenlaufrad musste deutlich mehr Wellenleistung liefern, als das Verdichterrad zum Antrieb benötigt, damit sich der Rotor nach dem Start durch einen Motor selbständig drehen und auch noch beschleunigen konnte. Das weitaus größere Problem war die Entwicklung einer Brennkammer, deren Energiekonzentration alle damals bekannten Feuerungen weit übertraf. Während Whittle von Anfang an flüssige Kraftstoffe einsetzte, hantierte Ohain mit gasförmigen Brennstoffen und kam schließlich mit einer Wasserstoff-Brennkammer zum Erfolg.

Probeläufe beider Gasturbinen fanden 1937 statt. Die technischen Konzepte waren sehr unterschiedlich. Whittle hatte sich für einen doppelflutigen Radialverdichter entschieden, einer Scheibe mit Schaufeln auf beiden Seiten. Die Luft zu den innen liegenden Schau-

Bild 1.1: Die Fluggasturbine von Frank Whittle hatte ihren Erstflug am 15. Mai 1941 in einer Gloster E-28

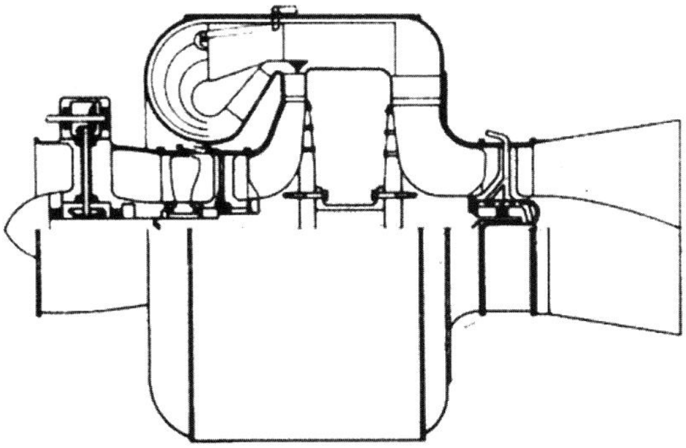

Bild 1.2: Die Fluggasturbine von Hans von Ohain absolvierte ihren Erstflug am 27. August 1939 in einer He-178

feln musste über Öffnungen im Gehäuse zugeführt werden (Bild 1.1). Diese Bauweise konnte nur gelingen, indem separate Brennkammern eingesetzt wurden, wie sie auch noch heute in Triebwerken zu finden sind. Die heißen Gase wurden in einer Axialturbine entspannt. Damit konnten die Abgase das Gehäuse effektiv über eine Düse verlassen. Sieht man von der so genannten Doppelflutigkeit des Verdichters ab, so hat das Konzept der Whittle-Gasturbine übrigens sehr starke Ähnlichkeit mit den Turbinen, die wir heute im Modellflug verwenden.

Ohain setzte als Verdichter eine Kombination von axialer und radialer Stufe ein (Bild 1.2). Die Brennkammer war ringförmig um das Gehäuse angeordnet und leitete die Verbrennungsgase in eine Radialturbine, die diese im Verlauf der Expansion in die axiale Richtung umlenkt. Auch hier kann man erkennen, wie sehr die Modellflieger die alten Lösungen verfolgten. Die ersten Modellfluggasturbinen von JPX, Turbomin und Sophia Precision wiesen ebenfalls Radialturbinen auf.

Auch in der Flugerprobung der ersten Strahlantriebe gab es nahezu parallele Abläufe. Während das Triebwerk von Ohain am 27. August 1939 in einer He-178 (Bild 1.3) seinen Erstflug absolvierte, kam das Triebwerk von Whittle am 15. Mai 1941 mit einer Gloster E-28/39 in die Luft.

Damit war der Grundstein für eine rasante Entwicklung der Fluggasturbine gelegt. Um solche Antriebe auch in Modellflugzeugen verwenden zu können, mussten einige Probleme gelöst werden. Dabei scheiterten verkleinerte Nachbauten von Fluggasturbinen in der Vergangenheit meist aus verschiede-

Bild 1.3: Heinkel He-178

nen Gründen. Bereits die Physik macht einen dicken Strich durch die Rechnung.

Bei der notwendigen Verkleinerung der Komponenten sinken die Wirkungsgrade, weil anteilige Reibungsverluste und Leckagen durch Spalte anwachsen. Technisch lassen sich Spalte nicht einfach maßstäblich verkleinern. Damit verschlechtert sich die Leistungsbilanz der Gasturbine, denn der Verdichter verbraucht zu viel und die Turbine liefert zu wenig Leistung an die Welle. Erst wenn die Leistungsbilanz einen Überschuss an der Turbinenseite aufweist, kann sich der Rotor selbständig drehen und die Schuberzeugung beginnen. Bleibt nach der Expansion der Turbine ein Enddruck, der über dem Umgebungsdruck liegt, können die Abgase in der Düse noch beschleunigt werden, um zusätzlichen Schub zu erzeugen. Nur durch eine gute Fertigungsqualität und ein intensives Herantasten an die Belastungsgrenzen konnte ein Gasturbinenantrieb für den Modellflug entwickelt werden, der einen ausreichenden Schub bei angemessenem Brennstoffverbrauch erzielt.

Bild 1.4: Die Turbine von Jackman war bereits mit einer selbstgebauten Axialturbine ausgestattet, die eine schlanke Bauform ermöglichte

Natürlich war es technisch möglich, eine kleine Gasturbine zu bauen, wie es für ganz unterschiedliche Anwendungsfälle auch getan wurde – zum Beispiel bei Hilfsgasturbinen (APU) oder Drohnenantrieben. Das ist die Kompetenz der Luftfahrtindustrie. Hier wird aber in der Regel mit hohem technologischem und finanziellem Aufwand gearbeitet. Um den Wirkungsgrad in ein wirtschaftliches Verhältnis zu bringen, muss das Druckverhältnis des Verdichters steigen und die Turbineneintrittstemperatur so hoch gewählt werden, dass Material- und Fertigungsfragen in den Vordergrund treten. Auf diesem Wege wären

Bild 1.5: Die KJ-66-Turbine gilt als Basis, auf der die meisten Modell-Turbinen aufbauen

nie die Gasturbinen entstanden, die wir heute im Modellflug haben.

Die kleinen Gasturbinen, häufig auch Mikrogasturbinen genannt, werden auch noch in vielen Bereichen eingesetzt, wo eine Leistungsausbeute von rund 20 bis 300 Kilowatt (kw) gefragt ist. Das sind meist dezentrale Anlagen zur Strom-, Wärme- oder Kälteerzeugung. Um dabei Wirkungsgrade bis zu 30 Prozent (%) zu erreichen, werden neueste Technologien in den Komponenten eingesetzt und die Abwärme zur Aufheizung der Verbrennungsluft genutzt.

Durch den Pioniergeist einzelner Modellflieger hielten die ersten funktionsfähigen Turbinen bereits vor Jahren Einzug in den Modellflug. J. Jackman aus Großbritannien hat es am 20. März 1983 geschafft und einen feuerroten Jet mit einer Kleingasturbine geflogen (Bild 1.4). Die mit Flüssiggas betriebene Gasturbine lieferte bei 85.000 Umdrehungen pro Minute zirka 45 Newton (N) Schub. Das Druckverhältnis des Radialkompressors betrug dabei ungefähr 2,0 und die Abgastemperatur lag immerhin noch bei 650 Grad Celsius (°C). Das Drehzahllimit wurde mit 97.000 Umdrehungen pro Minute (U/min) erreicht.

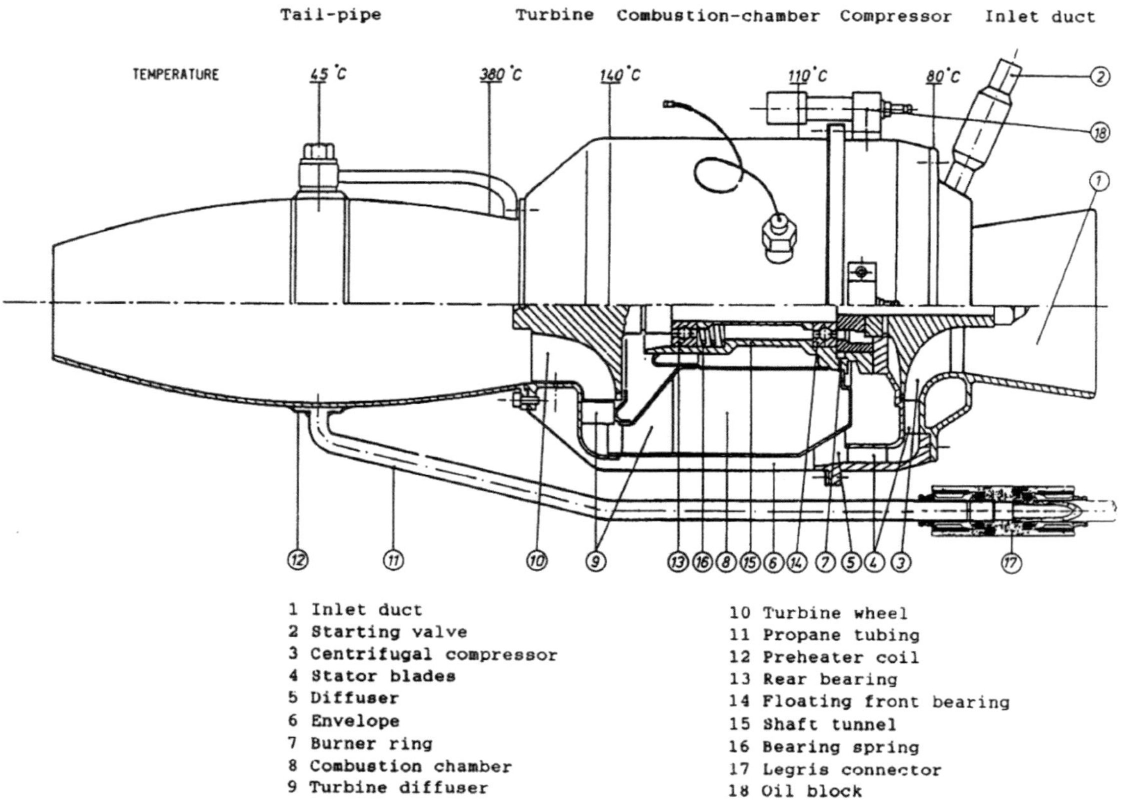

Bild 1.6: Schnitt durch die JPX-T-240-Turbine mit Temperaturangaben während des Betriebs

Neben der Ölversorgung der Lager mussten auch gut 600 Gramm (g) Gas für eine Laufzeit von sieben Minuten mitgeführt werden. Die Betriebsdrehzahl wurde während des Fluges mittels einer Fotozelle elektronisch überwacht.

Einen interessanten Weg zum Bau einer Gasturbine für den Modellflug beschritten die deutschen Pioniere Reiner Binczyk und Kurt Schreckling [2]. Schreckling reduzierte den Bauaufwand so weit, dass eine Drehbank und eine Schweißeinrichtung ausreichten, eine preiswerte Gasturbine FD 3/64 mit zirka 24 N Schub zu bauen. Ohne diese Vorarbeiten wäre möglicherweise die Produktion von Turbinen viel später erfolgt.

Eine von Kurt Schreckling und Jesús Artés entwickelte Turbine KJ66 (Bild 1.5) wurde zum Wegweiser für Modellflugturbinen. Ausgerüstet mit einem Turboladerlaufrad im Verdichter und einem axialen Turbinenlaufrad in Feinguss erreichte das Triebwerk immerhin einen Schub von 75 N bei einer Drehzahl von 117.000 U/min.

Als Beispiel einer frühen, industriell gefertigten Gasturbine anderer Bauart gilt

Bild 1.7: Eine aufgeschnittene AMT-Turbine gibt einen interessanten Einblick in das Innenleben einer Modellflugturbine

die JPX aus Frankreich. Das Modell JPX T-240 mit einem Gewicht von 1.700 g und 46 N Schub, weist einen Radialverdichter und eine Radialturbine auf und verwendet als Brennstoff flüssiges Propan (Bild 1.6). Propan hat sich als Brennstoff nicht durchgesetzt, zu aufwändig waren der Umgang mit Flüssiggas und dessen Lagerung. Restmengen wurden meist abgeblasen. Der Start der Turbinen mit Gas hat sich bis heute gehalten und es gibt noch Piloten, die den Gasstart gegenüber dem Kerosinstart bevorzugen.

1.1 Die Gasturbine im Modellflug

Die heute zur Verfügung stehende Palette von Turbinen (Bild 1.7) reicht von 10 bis zu 250 N Schub. In den meisten Fällen gibt es bei den Modellen eine Angabe für den erforderlichen Schub, die auch nicht überschritten werden sollte. Die Turbine bietet aber die Möglichkeit, den Schub in einem gewissen Bereich über die Begrenzung der maximalen Drehzahl einzustellen. Das geht problemlos in der Zentralen Steuereinheit, der ECU. So kann die Turbine

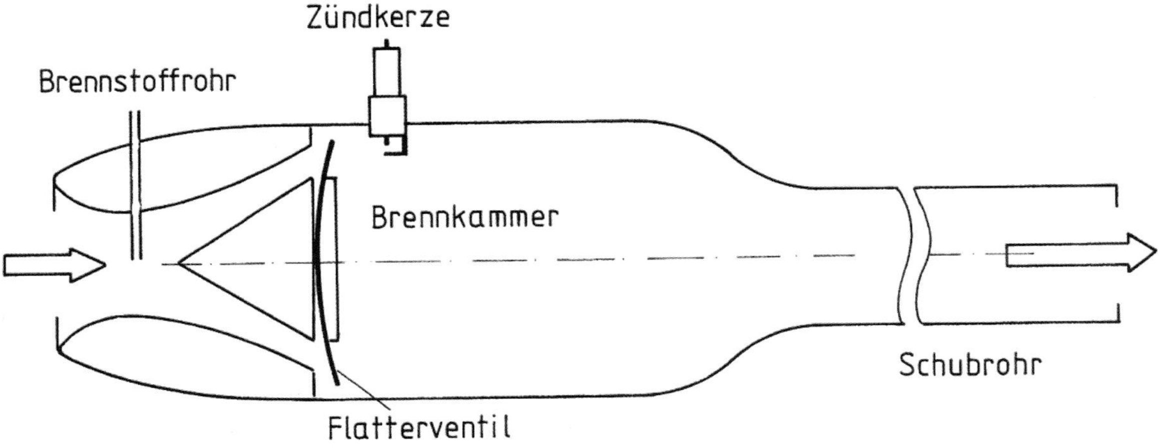

Bild 1.8: Wirkungsweise eines Pulsotriebwerks

verschiedenen Modellen optimal angepasst werden, wenn die Abmessungen und das Gewicht dies zulassen. Liegen keine Angaben zum Schub vor, hält man sich an ein sinnvolles Verhältnis von Schub zu Gewicht von ungefähr 0,6 bei Airlinern bis zu 1,0 bei kunstflugtauglichen Jets (Verhältnis 1,0: Schub der Turbine ist gleich dem Gewicht des Jets).

Die Wahl der geeigneten Turbine hängt von der individuell bevorzugten Modellklasse, deren Abmessungen und des Gewichts ab. Das klingt trivial, denn bei dem Kauf eines Kolbenmotors gelten ähnliche Überlegungen. Der Modellflieger nutzt seine Turbine heute als fertig konfektioniertes Antriebssystem, bei dem man sich nicht mehr mit den Innereien beschäftigen muss. Die

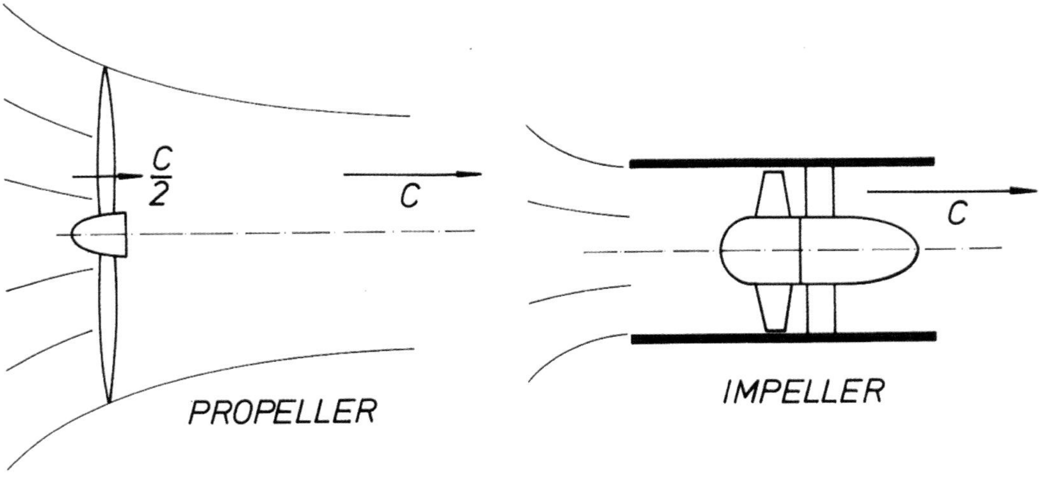

Bild 1.9: Die Unterschiede bei der Durchströmung von Propeller und Impeller

FrankTurbine

Bild 1.10: Der Impeller des Autors als Weiterentwicklung der Firma Gleichauf.

Gasturbinen sind mit einer elektronischen Steuereinheit (ECU) und einer elektrischen Anlassvorrichtung versehen, was den Start besonders vereinfacht.

Was veranlasst eigentlich den ambitionierten Modellflieger, sich einen Antrieb für seine Modelle in der Preislage von 2.000,– bis 3.000,– Euro zuzulegen und sich den Sprit am nächsten Flughafen abzuholen? Es geht offensichtlich eine große Faszination von den feuerspeienden Kraftpaketen aus. Die Leistungskonzentration der Gasturbine ist eines der hervorstechenden Merkmale. In einer 2-Kilogramm(kg)-Turbine kann locker die thermische Leistung eines PKW-Motors stecken. Entsprechend ist auch der Spritverbrauch. Für einen 5-Minuten(min)-Flug muss ein Normalmodell mindestens 2 Liter (l) Kerosin an Bord haben.

Der hohe Bedienungskomfort durch das Anlassen der Turbine per Sender kommt dem Bestreben nach möglichst vorbildgetreuem Flugbetrieb nahe. Damit ist auch klar, dass das Fliegen ebenfalls diesem Gesichtspunkt unterstellt ist. Das „Herumheizen“ mit voller Power ist ebenfalls out. In ist der elegante Flugstil eines Jets mit eleganten Kurven, Manövern und unbeschränkter Lufthoheit. Da nur Rotationsbewegungen auftreten, wird die hohe Leistung der Gasturbine ohne die sonst bekannten Vibrationen zur Verfügung gestellt – eben eine sanfte Power.

Auch in Hubschraubermodellen kommen Turbinen zum Einsatz

Wie in vielen anderen Bereichen des Lebens, gibt es auch im Modellflug eine Skala der Ansprüche. Ist der einfache Elektrosegler das ideale Einsteigermodell und erscheint das kunstflugfähige Motormodell als Herausforderung, so gilt das Jetmodell mit Turbinenantrieb eher als Krönung des Modell(flächen)fliegens. Dabei kann der einfache Spaß am Fliegen durchaus umgekehrt verteilt sein.

1.2 Was es sonst noch gibt

Pulsotriebwerk

Eine alte und simple Alternative zur Fluggasturbine ist das Pulsotriebwerk (Bild 1.8), das jedoch nicht wirklich als Ersatz dienen kann. Von zahlreichen Flugtagen bekannt, nimmt das fliegende Ofenrohr eine Sonderstellung in der Antriebstechnik ein. Es enthält keine rotierenden Teile. Das Funktionsprinzip basiert auf einer periodischen Verbrennung eines Luft-Brennstoffgemisches, welches durch den Druck nach dem Zünden in der Brennkammer die am Lufteinlass befindlichen Flatterventile schließt und das Schubrohr mit hoher Geschwindigkeit verlässt. Die Massenträgheit der austretenden Verbrennungsgase führt in der Brennkammer zu einem Unterdruck, der die Flatterventile öffnet und neues Gemisch ansaugen lässt. Das frische Gemisch entzündet sich an den austretenden Gasen und lässt den Vorgang erneut ablaufen.

Es entsteht eine pulsierende Verbrennung, von der die Bezeichnung abgeleitet wurde. Modellantriebe mit Pulsotriebwerk decken einen Schubbereich von 30 bis 60 N ab und werden meist von den Fachleuten als eigene Entwicklungen verwendet. Wegen ihrer schlechten Regelbarkeit und des ungeheuren Lärmpegels sind sie nur wenig verbreitet. Auf Flugveranstaltungen sind sie sehr gern gesehen, um dem Publikum etwas Außergewöhnliches zu präsentieren. Insgesamt weist diese Art des Jetantriebs eine Häufung von Problemen auf und ist nicht geeignet, die Gasturbine zu ersetzen.

Impeller

Ein typischer Strahlantrieb ist der Impeller, allerdings mit kalten Abgasen. Der Impeller ist ein Gebläse mit geschlossenem Außenmantel, das den Druck des durchtretenden Luftstroms so weit erhöht, dass er mit hoher Geschwindigkeit in die Umgebung austreten kann. Im englischsprachigen Raum wird die sehr treffende Bezeichnung Ducted Fan oder Fan (Bypass-Triebwerk) verwendet. Der Vorgang der Druckerhöhung vollzieht sich kontinuierlich innerhalb der Beschaufelungen von Rotor und Stator. Der Leistungsbedarf des Rotors wird von einem Verbrennungs- oder Elektromotor gedeckt.

Bild 1.9 verdeutlicht die Wirkung des Außenmantels beim Impeller. Beim Propeller wird in der Propellerebene selbst etwa erst die Hälfte der Abströmgeschwindigkeit erreicht und erst hinter dem Propeller stellt sich die Maximalgeschwindigkeit ein. Der Luftstrahl kontrahiert mit zunehmender Strömungsgeschwindigkeit. Der benötigte Strömungskanal bildet sich selbst. Da der Verbrennungsmotor die gleichmäßige Strömung störte, wurden Impellerantriebe auch als Schubversionen gebaut (Bild 1.10). Gerade dort, wo mit der Antriebsenergie wirtschaftlich umgegangen werden muss, ist der der optimale Wirkungsgrad des Impellers besonders wichtig.

Die derzeit verwendeten elektrischen Impeller erreichen ein hohes Wirkungsgradniveau zwischen 70 und 85 %, da sie in ihrer aerodynamischen Auslegung gemäß dem derzeitigen Stand der Technik berechnet worden sind. Diese Berechnungsmethoden sind in der Fachwelt bekannt und simulieren die dreidimensionale Strömung durch Lauf- und Leitrad.

Wesentlich erscheint die optimale Abstimmung aller Komponenten des Impellerantriebs wie Einlauf, Impeller mit Motor und

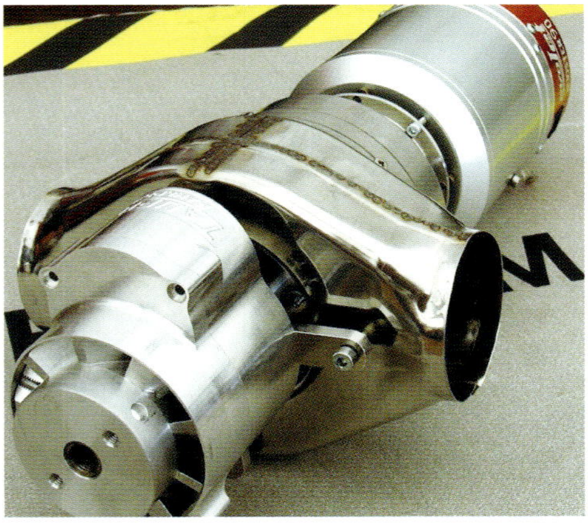

Bild 1.11: Index-Bezeichnungen an der Gasturbine

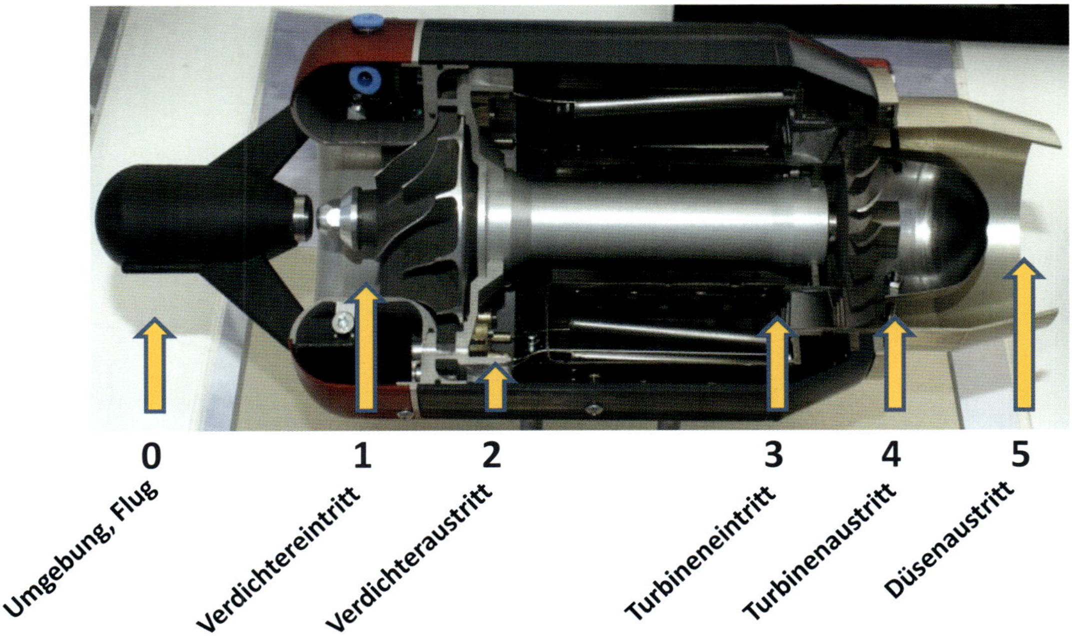

Schubrohr aufeinander. Der Mantel des Impellers gibt diesen Strömungskanal vor und bedarf deshalb einiger Beachtung bei der Dimensionierung, damit sich eine optimale Strömungsführung ergibt und die Impeller-Beschaufelung unter den gewünschten Bedingungen arbeitet. Da der Druckaufbau im Impeller mit zirka 0,01 bis 0,03 bar recht gering ist, müssen alle vermeidbaren Druckverluste konstruktiv beseitigt werden. Diese Optimierung führt auf einen durchgängigen Strömungskanal vom Einlauf bis zum Austritt.

1.3 Physikalische und technische Begriffe

Die Gasturbine ist eine Strömungsmaschine, in der Energieumsetzungen in einem fließenden Medium kontinuierlich erfolgen. Die Änderungen der Zustände des Mediums werden von umlaufenden Rotoren mit Schaufeln vollzogen. Verdichter bringen das Medium von niedrigem zu höherem Niveau von Druck und Geschwindigkeit und benötigen Antriebsenergie. In Turbinen strömt das Medium umgekehrt und liefert Leistung. Während der Zustandsänderungen verändern sich Druck, Temperatur, Volumenstrom und damit auch das Energieniveau. In der Strömungstechnik wurde hierfür der Begriff „Enthalpie“ eingeführt.

Die Bezeichnungen von Zustandswerten werden aus den wissenschaftlichen Vereinbarungen übernommen. Da zu den Werten auch der entsprechende Ort genannt werden soll, sind die entsprechenden Nummern gemäß Bild 1.11 gewählt:

Innerhalb der Baugruppen Verdichter und Turbine haben sich die Unter-Zählweisen 1 für den Eintritt und 2 für den Austritt der Räder eingeführt. Dimensionen und Einheiten werden dem System Internationale (SI) entnommen.

2. Prinzip des Turbinenantriebs

LT KILLERS KILLERBY

2. Prinzip des Turbinenantriebs

Es war ein weiter Weg in der Geschichte des Flugzeugantriebs von den flügelschlagenden Experimenten bis zu dem Strahlantrieb heute. Das Prinzip zum Vortrieb eines Flugzeugs ist trotz der verschiedenen technischen Umsetzungen immer das gleiche.

Der Strahlantrieb basiert auf der Grundlage des von Isaak Newton formulierten Prinzips, dass jede Kraft, die auf einen Körper wirkt, eine entsprechend große Gegenkraft hervorruft. Der Strahlantrieb nutzt die atmosphärische Luft als Körper und erteilt dieser eine Beschleunigung während des Durchtritts durch die Turbine. Die Kraft, die für die Beschleunigung des Luftstrahls benötigt wird, verursacht eine Gegenkraft, die in umgekehrter Richtung auf das Gehäuse der Turbine wirkt. Das Prinzip des Strahlantriebs ist ebenfalls beim klassischen Propellerantrieb erfüllt. Wegen der unterschiedlich großen Eintrittsflächen des Luftstrahls wird im Falle des Propellers ein großer Luftmassenstrom auf eine mäßige Geschwindigkeit beschleunigt. Beim Strahltriebwerk wird ein kleinerer Luftmassenstrom auf eine hohe Austrittsgeschwindigkeit beschleunigt.

2.1 Die Grundlagen der Strahlantriebe

Die Gasturbine ist im Gegensatz zum Verbrennungsmotor mit einer kontinuierlichen Verbrennung ausgestattet. Es wird also nicht wie in einem Verbrennungsmotor in einem Brennraum ein Kraftstoffgemisch kurzzeitig gezündet, sondern ein verdichteter Luftstrom in einer Brennkammer durch eine andauernde Einspritzung von Kraftstoff erhitzt und dann in einer Turbine in Antriebsleistung umgewandelt.

Die klassische Strahlturbine (Bild 2.2) hat folgende Komponenten: Der Kompressor, bei großen Triebwerken mit axialen Stufen ausgestattet, saugt den Luftmassenstrom an und verdichtet ihn auf einen möglichst hohen Druck. Ein Teil dieser Luft wird in die Brennkammern geleitet. Dort wird eine entsprechende Brennstoffmenge eingespritzt und verbrannt. Der übrige Luftstrom wird zur Kühlung außen an den Brennkam-

Bild 2.1: Der grundsätzliche Unterschied von Propeller- und Strahlantrieb

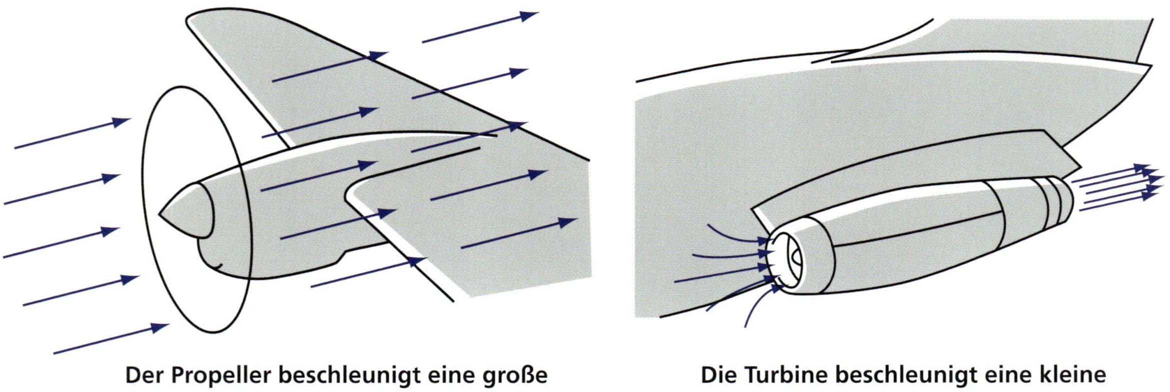

Der Propeller beschleunigt eine große Luftmasse auf geringe Geschwindigkeit

Die Turbine beschleunigt eine kleine Luftmasse auf hohe Geschwindigkeit

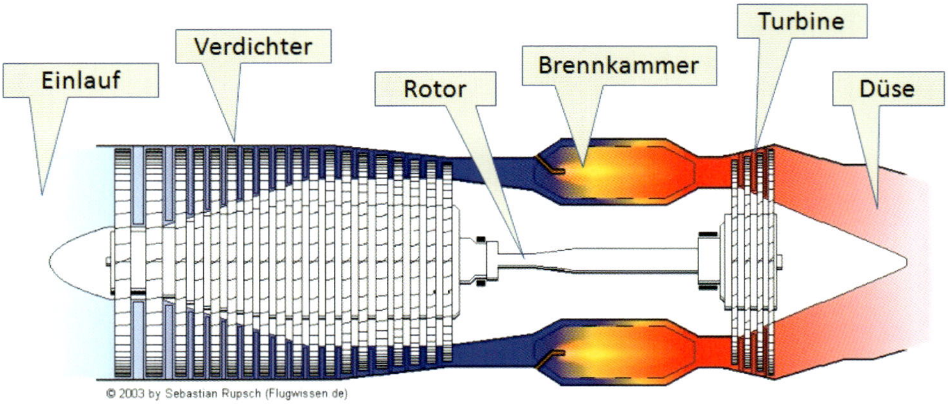

Bild 2.2: Prinzip der Gasturbine als Strahlantrieb

mern vorbeigeleitet und mischt sich bis zum Eintritt in die Turbine mit den heißen Brenngasen. Der aufgeheizte und unter hohem Druck stehende Luftstrom wird in einer oder auch mehreren Turbinenstufen entspannt. Da der Kompressor und die Turbine auf einer Welle angeordnet sind, deckt die Turbine den Leistungsbedarf des Kompressors. Je nach Betriebszustand der Gasturbine herrscht hinter der Turbine noch ein bestimmter Überdruck, der in der nachgeschalteten Düse expandiert, womit die Austrittsgeschwindigkeit des Abgasstroms weiter gesteigert wird.

Eine pauschale Bilanzierung der Leistungen ergibt, dass zwei Drittel der gesamten Turbinenleistung in den Verdichter fließen und ein Drittel zur Schuberzeugung dient. Da die Verhältnisse in den kleinen Turbinen noch ungünstiger sein können, kann man annehmen, dass die Verdichterleistung über zwei Drittel der Leistung der Turbinenstufe ausmacht. Luftmassenstrom und Austrittsgeschwindigkeit bestimmen den Schub der Fluggasturbine. Diese höhere Strahlgeschwindigkeit sorgt auch bei hohen Fluggeschwindigkeiten dafür, dass noch ausreichend Schub zur Verfügung steht. Sie hat jedoch den Nachteil, dass im Stand oder bei geringen Fluggeschwindigkeiten die Schubausbeute beigegebener Motorleistung geringer sein muss als beim Propeller, denn die Bewegungsenergie des Luftstrahls ist als Verlust zu betrachten.

Aus diesem Grunde ist der Einsatz verschiedener Antriebssysteme für unterschiedlich hohe Fluggeschwindigkeiten sinnvoll (Bild 2.3). Der Modellflug findet im unteren Geschwindigkeitsbereich statt. Dass dabei der Einsatz von Strahltriebwerken fast schon unsinnig wird, ist nur beim Ansatz von ökonomischen Kriterien zu verstehen, die im Modellflug nicht gelten müssen.

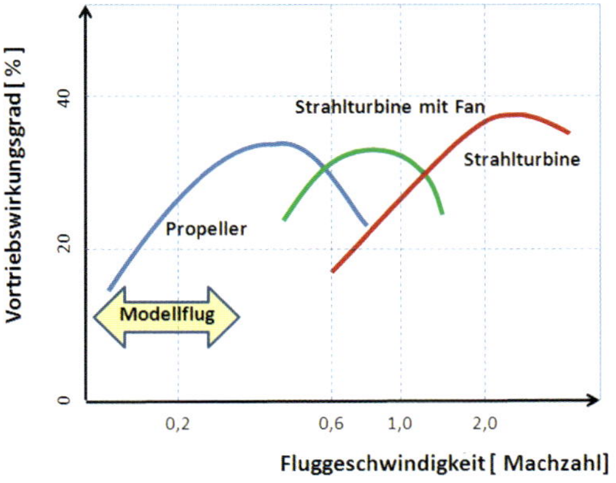

Bild 2.3: Der Vortriebswirkungsgrad von unterschiedlichen Luftfahrtantrieben

2.1.1 Die verschiedenen Bauarten

Fantriebwerk

Das einfache Strahltriebwerk ist wegen seiner hohen Strahlverluste nur geeignet für den hohen Geschwindigkeitsbereich. Da der Vortriebswirkungsgrad eines Strahlantriebs erheblich von der Fluggeschwindigkeit abhängt, hat die Entwicklung von effizienten Antrieben zu einer Kombination aus Strahltriebwerk und den Vorteilen des Propellerantriebs geführt. Das Ziel war eine erhebliche Vergrößerung des Luftmassenstroms, um den Vortriebswirkungsgrad zu verbessern.

So entstanden Turbopropantriebe und insbesondere die Fan-Triebwerke (Bild 2.4), die heute in der zivilen Luftfahrt eingesetzt werden. Diese Triebwerke verarbeiten einen großen Luftmassenstrom, der ein Vielfaches des Bedarfs der Gasturbine ausmachen kann, in einem Bypass um die Turbine herum. Dabei kann dieser Luftstrom entweder die heißen Abgase der Turbine „ummanteln", was die Lärmemission deutlich einschränkt. Bei eher militärischen Antrieben ist das Massenverhältnis kleiner. Der kalte Bypassstrom wird dann in der Düse zu den heißen Abgasen gemischt.

Nachbrenner

Genau das Gegenteil zur Verbesserung des Vortriebswirkungsgrads macht die Wiederaufheizung des Abgasstroms in Form des so genannten Nachbrenners (Bild 2.5). Die Abgase werden durch eine zweite Brennstoffzugabe nach der Düse der ursprünglichen Gasturbine noch einmal aufgeheizt. Das Abgas enthält noch genügend Sauerstoff. Dabei wird eine Schuberhöhung durch Steigerung der Austrittsgeschwindigkeit und um den Brennstoff erhöhten Abgasmassenstrom erreicht. Die Nachverbrennung erfordert eine Verlängerung des Schubrohrs mit einigen wenigen Einbauten zur Flammenhalterung. Dafür spart man sich das Gewicht eines größeren Triebwerks.

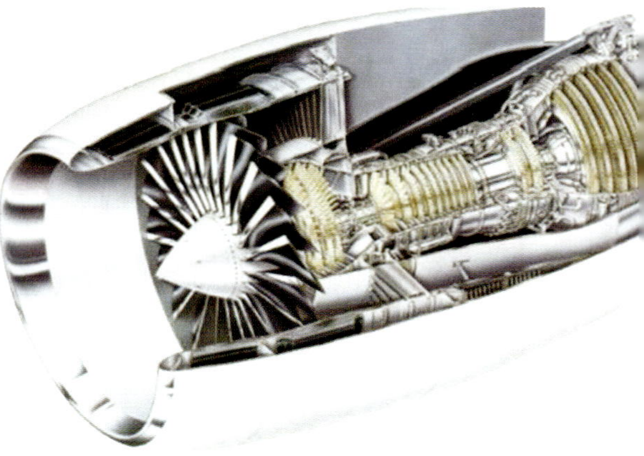

Bild 2.4: Schnittbild durch ein modernes Fantriebwerk CF6 mit hohem Bypass-Verhältnis

Der Brennstoffverbrauch steigt im Nachbrennerbetrieb stark an, weshalb dieser nur für zeitweisen Betrieb vorgesehen ist. Die Austrittsgeschwindigkeit aus der Düse wäre für eine stabile Nachverbrennung viel zu hoch, weshalb die Querschnittsfläche des Nachbrennerrohrs erst einmal erweitert werden muss. In der Zone reduzierter Geschwindigkeit kann der Brennstoff gezündet werden und im Bereich der Flammenhalter abbrennen, um die Abgastemperatur erhöhen. Die zweite Düse muss an das ausgedehnte Luftvolumen angepasst werden, damit sich die vorgesehene höhere Austrittsgeschwindigkeit einstellt. Beide Betriebszustände mit und ohne Nachbrenner müssen von dem Basistriebwerk mit guten Schubwerten bewältigt werden. Dabei darf der Austrittsdruck der Gasturbine wegen der Einbauten im Nachbrennerbereich nicht allzu sehr steigen. Ideal wäre allerdings eine variable Düse.

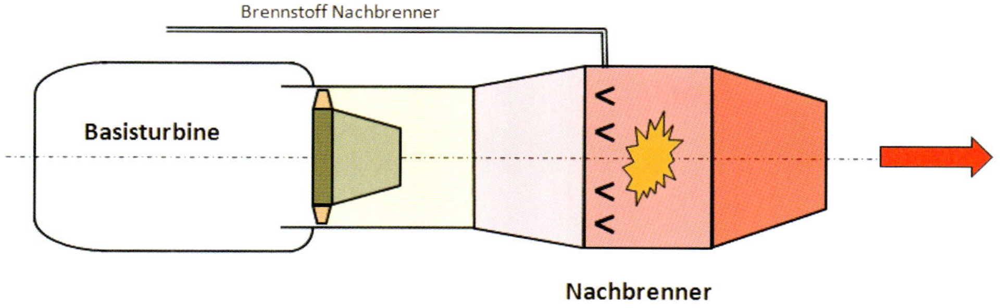

Bild 2.5: Das Prinzip der Nachverbrennung

Das Schubverhältnis mit und ohne Nachbrenner kann anhand des Temperaturverhältnisses in °C wie folgt berechnet werden:

$$\frac{S_{NB}}{S} = \sqrt{\frac{T_{NB} + 273}{T + 273}}$$

Die Firma SkyPipe hat sich mit der Entwicklung von Nachbrennerturbinen für den Modellflug beschäftigt. Praktisch ergeben sich für eine 80-N-Turbine mit Anbau des Nachbrenners nur noch 68 N Schub, der durch Zünden des Nachbrenners auf 105 Newton gesteigert werden kann, was einer Steigerung des Schubs um 54 % entspricht. Bezogen auf den Schub ohne Nachbrenner-Anbau allerdings nur um 30 %. Der Nachbrenner ist also eher eine technische Einrichtung, die Modellflieger für eine vorbildbetreue Flugvorführung einsetzen können, als dass sie einen Wechsel in die größere Schubklasse vermeidet.

2.1.2 Schub und Wirkungsgrad

Schub

Der Schub einer Gasturbine, eines Propellers oder auch des Impellers ist das Resultat einer Impulsänderung, die bei der Bewegungsänderung einer trägen Masse auftritt: Ein Luftmassenstrom wird mit erhöhter Geschwindigkeit nach hinten gestoßen. Der Impuls ist eine Kraft, die sich nach Newton errechnet aus Impuls = Masse × Beschleunigung. Für den Fall des kontinuierlichen Luftmassenstroms durch die Turbine oder den Propeller kann für den Schub allgemein formuliert werden: Schub = Massenstrom × Geschwindigkeitsänderung.

Schubberechnung
Standfall: $S = m\, c_5$
Flugfall: $S = m\,(c_5 - c_0)$
mit m als Massenstrom des Abgases in kg/s, c_0 als Fluggeschwindigkeit und c_5 als Austrittgeschwindigkeit in m/s

Bewegt sich das Flugzeug bereits mit der Geschwindigkeit c_0, so muss dem Luftmassenstrom eine Austrittsgeschwindigkeit erteilt werden, die größer als c_0 ist, um eine Impulserhöhung und damit einen Schub zu bewirken. Bei der Wahl der Austrittsgeschwindigkeit c_5 gibt es aber noch eine Einschränkung, die die Wirtschaftlichkeit des Antriebs betrifft. Der nach hinten austretende Luftstrahl enthält eine kinetische Energie, die dem Quadrat der Austrittsgeschwindigkeit proportional ist: kinetische Energie = 1/2 × Masse × Geschwindigkeitsquadrat

$$E = m\,\frac{c_5^{\,2}}{2}$$

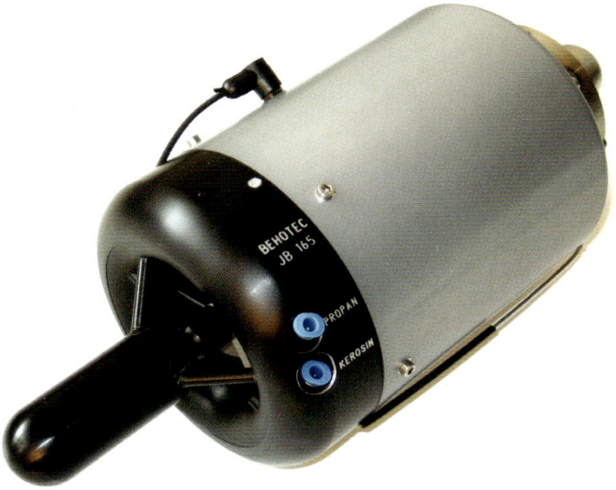

Diese kinetische Energie muss als Verlust betrachtet werden, da sie innerhalb des Austrittsstrahls völlig verwirbelt wird und letztendlich als Wärme in der Umgebung zurückbleibt. Aus diesem Grunde arbeitet der Propeller wirtschaftlicher als der Strahlantrieb mit Gasturbine.

Beispiel:
Eine übliche Turbine mit einem Schub von 120 Newton befördert zum Beispiel 0,32 kg/s Abgas mit einer Geschwindigkeit von 375 m/s durch die Düse.

120 N = 0,32 kg/s × 375 m/s = 120 kg m/s², mit 1 kg m/s² = 1 N

Strahlleistung P = 0,32 kg/s × 375² m²/s²/2 = 22.500 W, mit 1 Nm/s = 1 W

Die Strahlleistung beträgt demnach 22,5 kW.

Mit zunehmender Fluggeschwindigkeit nimmt der Schub ab, bei der Gasturbine allerdings deutlich weniger als beim Propeller. Im folgenden Diagramm (Bild 2.6) sind diese Zusammenhänge exemplarisch für einen Turbinen- und einen Propellerantrieb mit jeweils 80 N Schub dargestellt. Beide Schubverläufe nehmen entlang der Achse mit der Fluggeschwindigkeit unterschiedlich ab. Außerdem ist der Verlauf des Modellwiderstands über der Fluggeschwindigkeit eingetragen. Die Schnittpunkte der Schubkurven mit den Widerstandskurven sind die sich ergebenden Fluggeschwindigkeiten eines Modells bei den entsprechenden Antriebsarten. Trotz gleichen Standschubs ist die maximale Fluggeschwindigkeit beim Turbinenantrieb deutlich höher.

Um eine Vorstellung über die Effizienz des Strahlantriebs bei höheren Fluggeschwindigkeiten zu erhalten, kann man sich die Frage stellen, welche Schubklasse die Gasturbine haben müsste, um das Modell genauso schnell fliegen zu lassen wie im Falle des Propellerantriebs, der einen Standschub von 120 N hat. Im Diagramm (Bild 2.7) geht die Turbinenkennlinie durch den Schnittpunkt der Propellerschubkurve mit der Modellwiderstandskurve und zeigt als Standschub zirka 30 N an. Das heißt, eine 30-N-Turbine würde das Modell ebenso schnell fliegen lassen wie ein Propellerantrieb mit 120 N Standschub. Natürlich wären die Start- und Flugeigenschaften nicht zu vergleichen. Hier würde das Turbinenmodell eine lange Anlaufstrecke benötigen.

2.2 Die Komponenten der Gasturbine

Es ist die Intention dieses Buchs, die physikalischen Zusammenhänge der Gasturbinentheorie so darzustellen, dass auch technisch interessierte Laien die Zusammenhänge verstehen können. In einigen Bereichen kommt es auch darauf an, Technikern anhand von grundlegenden Zusammenhängen mathematische Ableitungen und Größenordnungen von Leistungsmerkmalen zu erklären.

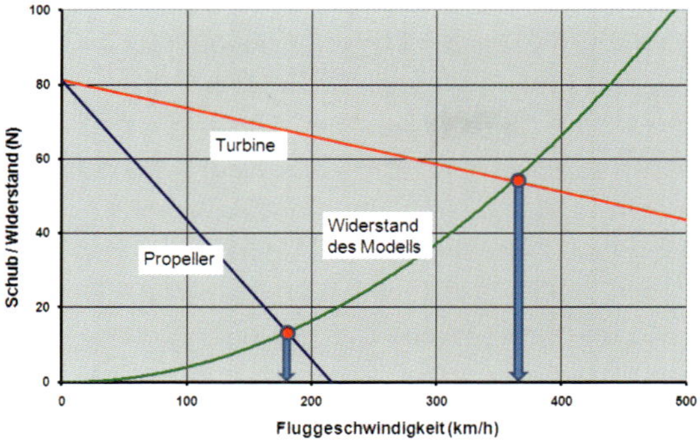

Bild 2.6: Die Abhängigkeit von Propeller- und Strahlantrieb von der Fluggeschwindigkeit eines Modells

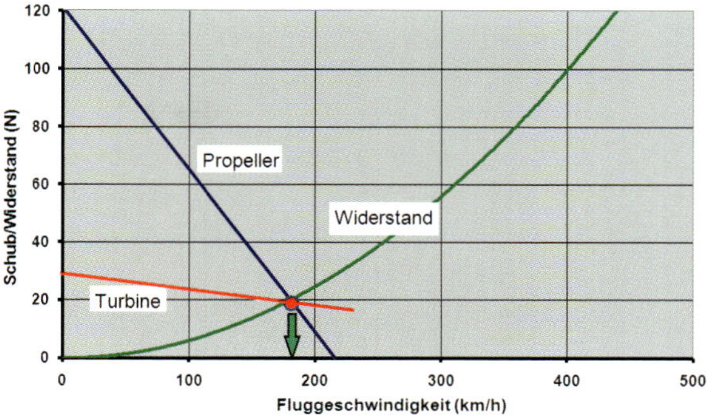

Bild 2.7: Standschub von Propeller- und Strahlantrieb für dieselbe Modellgeschwindigkeit

Das Turbinenrad bringt über die gemeinsame Welle eine mechanische Antriebsleistung in das Verdichterrad ein. Dieses teilt die mechanische Energie über die Schaufeln dem Luftmassenstrom mit. Der Luftmassenstrom wird radial beschleunigt und gleichzeitig steigen der statische Druck (Druck im fließenden Medium) und die Temperatur. Die Antriebsenergie hat sich also in eine andere Erscheinungsform, nämlich Strömungsenergie, umgewandelt, die aber in Summe aller Energieformen den gleichen Wert darstellt.

Nun stellt sich die Frage, welcher Anteil der einen in die andere Form umgewandelt wurde oder wie effizient diese Zustandsänderung verlaufen ist. Darüber sagt der Wirkungsgrad etwas aus. Dieser setzt den angestrebten Nutzen zum Aufwand ins Verhältnis. Im Falle des Verdichters sollte man verlangen, dass er einen möglichst hohen Druck aufbaut in Bezug auf die eingebrachte mechanische Drehenergie.

Man sieht, dass sich der Wirkungsgrad in dem erreichten Enddruck bemerkbar macht, das heißt ein schlechter Wirkungsgrad führt trotz gleicher Antriebsleistung zu einer geringeren Druckerhöhung und umgekehrt. Nun wird die Sache doch recht unübersichtlich, denn es fehlt die Angabe, welcher Druck und welche Temperatur sich einstellen, wenn der Wirkungsgrad einen bestimmten Zahlenwert annimmt. Hier hilft nur ein kurzer Ausflug in die Thermodynamik (siehe Kasten auf Seite 34).

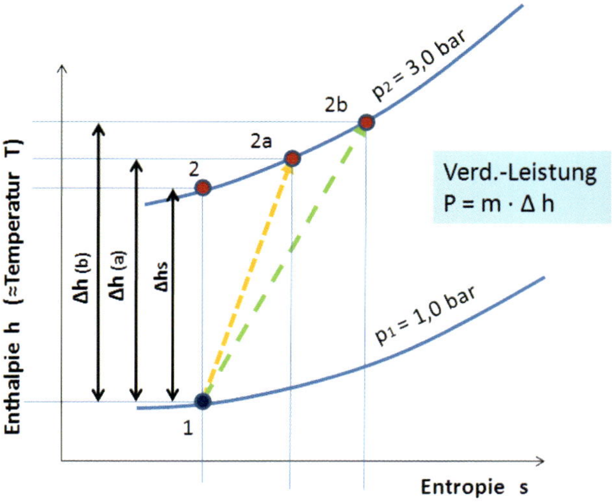

Bild 2.8: Der Verdichtungsvorgang im h-s-Diagramm mit zwei unterschiedlichen Wirkungsgraden führt auf die Endzustände 2a und 2b

Thermodynamik

In der Thermodynamik geht es um Zustandsänderungen unter dem Einfluss von Wärme und Arbeit. Im Folgenden wird ein so genanntes h-s-Diagramm gemäß dem Bild erläutert, in dem die verschiedenen Formen von Energie- und die Verläufe der Zustandsänderungen einzutragen sind. Alle Größen beziehen sich auf ein Kilogramm. Die vertikale Achse des Diagramms stellt die so genannte Enthalpie dar, eine Form von Energie, die unter idealisierten Bedingungen auch direkt der Temperatur entspricht. Hinter der Enthalpie versteckt sich eine technisch nutzbare Energie, die noch Arbeit verrichten kann. Die horizontale Achse bezeichnet die Entropie, eine kalorische Zustandsgröße und einer der schwierigsten Begriffe der Thermodynamik. Für unsere Betrachtungen stellt sie eine Energieform dar, die für die Nutzung verloren gegangen ist. Sie ist von Wärmezu- und -abflüssen abhängig und stellt ein Maß für die bei der Prozessführung anfallenden Verluste dar. Solche Zustandsänderungen, die letztendlich Reibungsverluste als Wärme in der Umgebung zurücklassen, bewegen auf sich in der Tendenz im h-s-Diagramm nach „rechts“. Damit wird ein direkter Bezug zum Wirkungsrad hergestellt. (An dieser Stelle bitte ich alle Thermodynamiker um Wohlwollen!) In dieser Auftragung lassen sich recht einfach die verschiedenen Energieformen darstellen, da die Linien gleichen Drucks (Isobaren) ebenfalls enthalten sind. Ihr Verlauf liegt für verschiedene Gase fest. Außerdem darf für ideales Gas die Annahme gemacht werden, dass die Linien konstanter Temperatur horizontal verlaufen. Um das Bild abzurunden ist auch der Verlauf einer Drosselung, wie er typischerweise bei der Entleerung eines Druckbehälters über ein Ventil stattfinden würde, dargestellt. Da im Ventil keine Arbeit zu verrichten ist, bleibt auch bei dieser idealisierten Betrachtung die Temperatur gleich. Anders zu bewerten ist der Druckabfall in einer Turbinenstufe. Da die Turbine Arbeit verrichtet, sinkt die Temperatur im Verlauf der Entspannung, auf die später noch eingegangen wird.

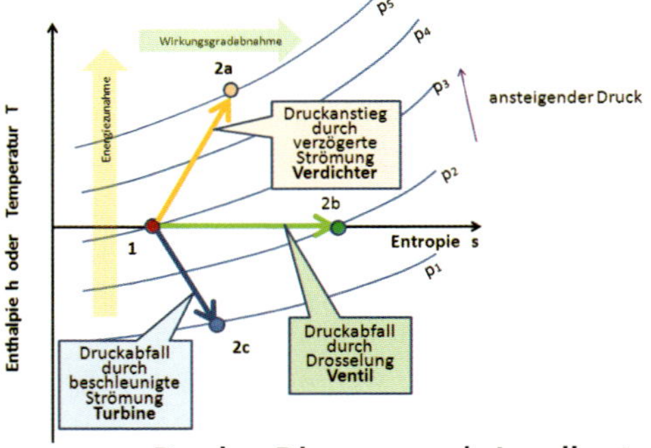

Das h-s-Diagramm als Landkarte für die verschiedenen Richtungen von Zustandsänderungen

Das h-s-Diagramm in Bild 2.8 stellt beispielhaft den Verdichtungsvorgang dar, der von dem Druck p_1 auf den Druck p_2 führt. Eine ideale, verlustfreie Verdichtung würde exakt in vertikaler Richtung von 1 nach 2 ablaufen. Man sieht, dass demnach auch die geringste Austrittstemperatur auftreten würde. Da aber in der Realität alle Prozesse mit Verlusten behaftet sind, kann der Verlauf nur mit einem Anstieg der Entropie s erfolgen, also schräg nach rechts oben (nach 2a oder 2b), was einen Wirkungsgrad kleiner 100 % darstellt. Die Austrittstemperatur ist in diesem Fall höher als die ideale. Verschlechtert sich der Wirkungsgrad, zum Beispiel durch eine Zunahme von Leckagen, wäre die Austrittstemperatur noch höher.

Gleichzeitig sind in diesem Diagramm auch die Größenordnungen der Antriebsleistungen für einen Druck von p_2 zu verfolgen, die mit abnehmendem Wirkungsgrad zunehmen würden. Mit Δh wird die spezifische Arbeit von 1 nach 2a oder 2b bezeichnet. Multipliziert man Δh mit dem Massenstrom in Kilogramm pro Sekunde, erhält man die erforderliche Leistung in Watt. Die idealisierte Strömungsarbeit (von 1 nach 2) wird mit Δhs bezeichnet. Im h-s-Diagramm ist unter den idealisierten Bedingungen die Leistung proportional zu der Temperaturdifferenz, was die Anschauung sehr erleichtert.

Der beschriebene Fall ist eher theoretisch, denn in der Praxis steht nur eine bestimmte Antriebsleistung zur Verfügung. Auch dieser Fall lässt sich anschaulich im h-s-Diagramm untersuchen (Bild 2.9). Nun ist die spezifische Arbeit in Form einer bestimmten Temperaturdifferenz von Eintritt 1 zu Austritt 2a oder 2b vorgegeben. Man sieht, dass sich der Wirkungsgradunterschied nun in dem erreichten Enddruck bemerkbar macht, das heißt ein schlechter Wirkungsgrad führt trotz gleicher Antriebleistung auf ein geringeres Druckverhältnis. Dies ist der übliche Ablauf eines Verdichtungsvorgangs, wenn der Wirkungsgrad zum Beispiel durch Verschmutzung der Beschaufelung beeinträchtigt wird.

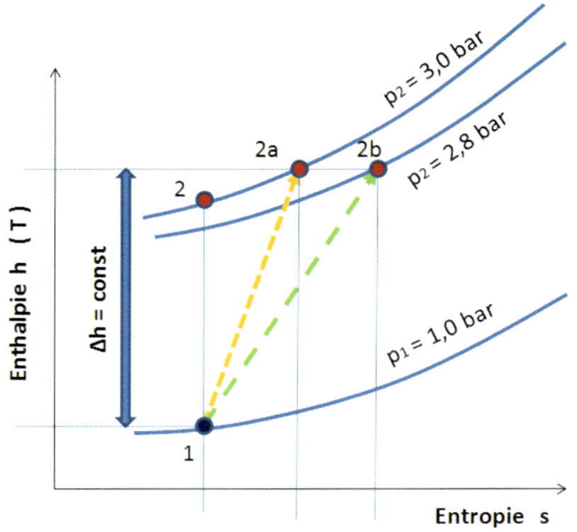

Bild 2.9: Der Verdichtungsvorgang im h-s-Diagramm mit zwei unterschiedlichen Wirkungsgraden führt bei gleicher Antriebsleistung auf unterschiedliche Enddrücke

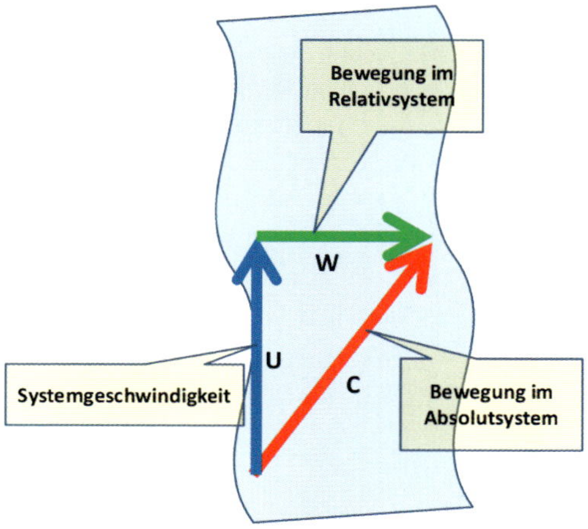

Bild 2.10: Der Zusammenhang von Absolut- und Relativsystem bei Strömungsvorgängen

Relativ- und Absolutsystem

Eine weitere Besonderheit ist die Betrachtung von Zuständen in einem rotierenden System. In den folgenden Betrachtungen wird den Lesern ein wenig Abstraktionsvermögen abverlangt. Hier hilft das einleuchtende Beispiel vom Schwimmer, der einen Fluss überqueren will. Er bewegt sich mit w quer zur Fließrichtung u, während ein außenstehender Beobachter seine Bewegungsrichtung wie c wahrnimmt (Bild 2.10). Seine absolute Geschwindigkeit c ist nur unter Berücksichtigung der Fließrichtung u und seiner Relativbewegung w ermittelbar.

Rotierende Systeme

Eine weitere Abstraktion bezieht sich auf die Transformation kreisförmiger Schaufel- oder Strömungskanäle. Sie werden gemäß Bild 2.11 der Einfachheit halber mit konstantem Radius geschnitten (Zylinderschnitt) und dann in der Ebene „ausgerollt“. Übertragen auf das rotierende System ist u die Umfangsgeschwindigkeit zum Beispiel einer Schaufel, w die relative Geschwindigkeit innerhalb des rotierenden Systems und c ist die absolute Geschwindigkeit, die sich aus der „vektoriellen Addition“ von u und w ergibt.

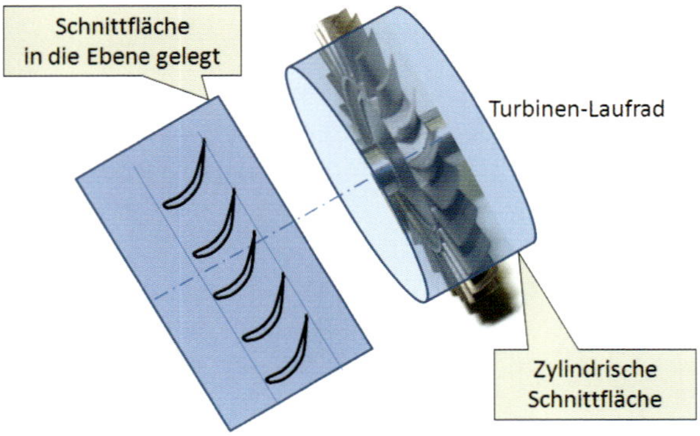

Bild 2.11: Transformation von rotationssymmetrischen Schaufelschnitten auf ebene Schnitte

2.2.1 Verdichter

Der Verdichter der Gasturbine ist eines der aerodynamisch anspruchsvollsten Bauteile, da der Druckaufbau in einem strömenden Medium mühsam ist und von vielen Einflüssen behindert wird. Man unterscheidet zwei Arten von Turboverdichtern gemäß der Hauptströmungsrichtung, die axialen und die radialen. Beide Bauarten finden ihre Verwendung in den Gasturbinen. Während bei Axialverdichtern (siehe Bild 2.2) mehrere Schaufelreihen hintereinander angeordnet sind, reicht bei einem Radialverdichter meist eine Stufe. Um ein übliches

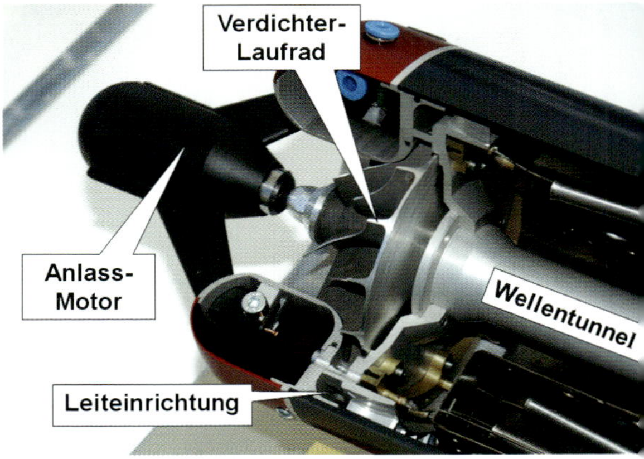

Bild 2.12: Ansicht auf die Verdichterseite einer Modellflugturbine

Druckverhältnis im Bereich von 2 bis 3 zu erreichen, würde ein Axialverdichter zirka drei bis vier Stufen benötigen.

Radialverdichterstufen (Bild 2.12) sind in Modellflugturbinen typisch. Ein Grund ist die einfache Verfügbarkeit von leistungsfähigen Laufrädern aus den zahlreichen Varianten des Turboladerbaus. Wegen der hohen Stückzahl von Turboladern und des inzwischen extrem großen Anwendungsspektrums lässt das Angebot keine Wünsche offen. Neu entwickelte Verdichterlaufräder werden auf Fertigungsautomaten (Fünf-Achsen-Technologie) aus dem vollen Material gefräst.

Eine Eigenentwicklung von Verdichterrädern bedeutet einen erheblichen Kostenaufwand, denn eine Optimierung hinsichtlich Leistung und Kosten zugleich darf man nicht unterschätzen und hätte die Gasturbine im Modellflug weiter verteuert. Ein weiterer Grund für den Radialverdichter ist die einfache Bauweise. Wegen der geringen Abmessungen der Schaufeln ist ein Axialverdichter nicht nur sehr aufwändig zu fertigen, sondern aufgrund der geringen Reynoldszahlen

Bild 2.13: Serie von ähnlichen Verdichterlaufrädern (AMT)

der Beschaufelung sind die Reibungseffekte anteilig relativ hoch, sodass nur ein wenig rentabler Wirkungsgrad zu erreichen ist. Hier geben Erfahrungen aus der Luftfahrtindustrie genügend Beispiele, welche Komponenten sinnvoll eingesetzt werden sollten. Außerdem spricht die mechanische Robustheit des Radialverdichters für den Einsatz in Modellfluggasturbinen. Nicht auszudenken, welche Probleme auf Modellflieger zukämen, wenn sie sich mit einem vielstufigen Axialverdichter mit äußerst filigranen Schaufeln plagen müssten.

Grundsätzlich strebt man im Turbomaschinenbau eine kompakte Maschine an, insbesondere in der Luftfahrttechnik. Aus diesem Grund werden die Verdichter- und Turbinenlaufräder bei möglichst hohen Umfangsgeschwindigkeiten betrieben. Bei Radialverdichtern haben sich anfangs radial stehende Schaufeln durchgesetzt (so genannte 90-Grad-Räder), da diese den Fliehkräften besonders gut standhielten. Leider war der Bereich, in dem die Verdichterstufe stabil betrieben werde konnte, eingeschränkt. Diesen Mangel konnte man durch die Verwendung von rückwärts gekrümmten Schaufeln beheben, musste aber neben der Zugbelastung noch zusätzliche Biegemomente durch die Fliehkräfte berücksichtigen.

Solche Entwicklungen wurden allerdings nicht von den heutigen Herstellern von Miniaturturbinen vollzogen, sondern von der einschlägigen Turbomaschinenindustrie, für deren Anwendungen ein großer Arbeitsbereich ebenfalls wichtig ist. Durch die Anwendung der mechanischen Ähnlichkeit ist die geometrische Verkleinerung der Verdichterlaufräder ziemlich unkritisch (Bild 2.13).

Die mechanischen Eigenschaften von Verdichterlaufrädern erlauben eine Umfangsgeschwindigkeit von etwa 450 Meter pro Sekunde (m/s), um auch noch erforderliche Sicherheitsreserven abdecken zu können. Das heißt ein Punkt auf dem Außendurchmesser des Laufrads läuft mit Überschallgeschwindigkeit um.

Verdichterlaufrad

Das Prinzip der Radialstufe (Bild 2.14) ist ziemlich einsichtig. Bei entsprechender Drehzahl wirkt in den radial orientierten Strömungskanälen eine erhebliche Fliehkraft auf die Luft als Medium und veranlasst diese, mit hoher Geschwindigkeit strahlenförmig aus den Kanälen auszutreten. Wegen der Rotation ergibt sich ein starker Drall in der Strömung, die das Laufrad verlässt.

Eintritt

Die üblichen Einbaubedingungen der Modellflugturbinen erlauben einen gut gerundeten Einlauf, der die Luft aus allen Richtungen dem Laufradeintritt zuführt. Der Eintritt wirkt wie eine Senke. Die Strömungsgeschwindigkeit der Luft wird gleichmäßig beschleunigt und soll in der Eintrittsebene mit dem Index „1“ des Laufrads eine möglichst gleichmäßige Geschwindigkeitsver-

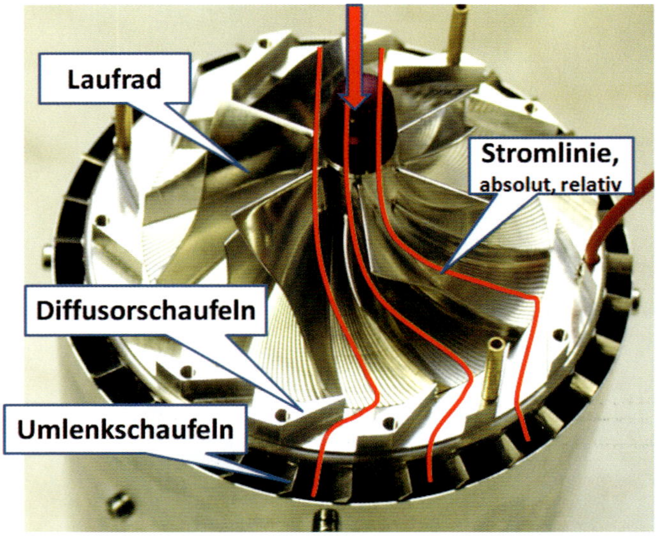

Bild 2.14: Räumliche Darstellung des Strömungsverlaufs durch eine Radialverdichterstufe

teilung in radialer Richtung aufweisen. Der Geschwindigkeitsvektor cm ist parallel zur Drehachse und ergibt sich aus der Division des Volumenstroms V durch die Eintrittsringfläche A. Der Volumenstrom wird aus dem Massenstrom m dividiert durch die Dichte ρ gefunden.

$$c_m = \frac{V}{A} = \frac{m}{\rho \cdot A} = \frac{0{,}32}{1{,}15 \cdot 0{,}002} = 135 \text{ m/s}$$

Die Umfangsgeschwindigkeit u_1 wird für die mittlere Höhe der Schaufeleintrittskante rm definiert und mit der Drehzahl n berechnet.

$$u_1 = \frac{\pi \cdot r_m \cdot n}{30} = \frac{3{,}14 \cdot 0{,}016 \cdot 123000}{30} = 206 \text{ m/s}$$

Durch die Krümmung der Schaufeln in Eintrittsbereich wird gewährleistet, dass die Strömungsgeschwindigkeit im rotierenden System w_1 ohne Anstellwinkel auf die Schaufelvorderkante trifft (Bild 2.15).

Das Medium befindet sich nun in einem rotierenden Schaufelkanal, der zur Vorderseite von einer stehenden Wand mit geringen Spalten abgedeckt wird. Im weiteren Verlauf wirken Schaufel- und Fliehkräfte ein und sorgen dafür, dass dem Medium innerhalb des Laufrads bereits mehr als die Hälfte des statischen Druckaufbaus zuteil wird. Ein Maß für die Fliehkraftwirkung ist die Differenz aus u_2^2-u_1^2, die sich aus den geometrischen Abmessungen des Laufrads ergibt. Je größer das Radienverhältnis ist, umso größer wird die entsprechende Drucksteigerung. Eine weitere Druckerhöhung resultiert aus der Verzögerung im Relativsystem von w_1 auf w_2. Hier wirkt der Schaufelkanal wie ein Diffusor. Die Flächenaufteilung zwischen Ein- und Austritt

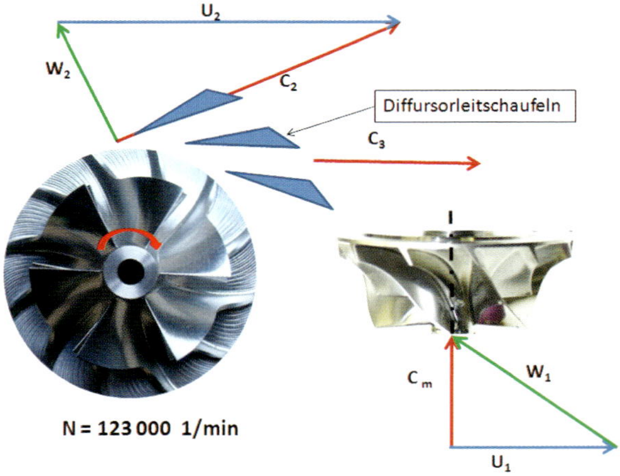

Bild 2.15: Entwicklung der Geschwindigkeitsdreiecke am Ein- und Austritt einer Radialverdichterstufe

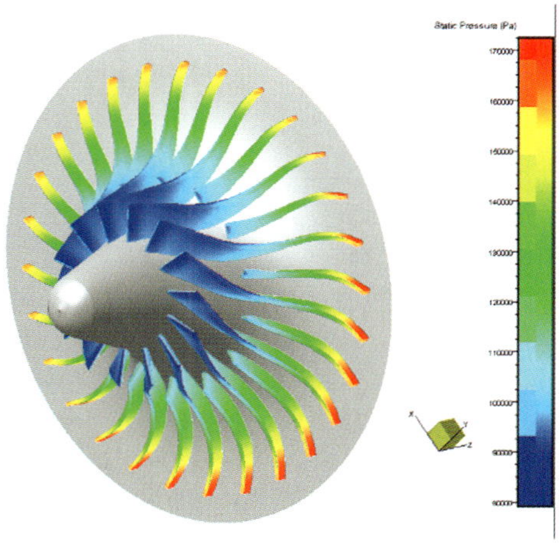

Bild 2.16: Ergebnis einer 3D-Simulation der Strömung durch eine industrielle Radialverdichterstufe

steuert die in den Schaufelkanälen vorgenommene Verzögerung der Strömungsgeschwindigkeit. Die Kunst der Aerodynamiker besteht darin, bis an die zulässige Grenze heranzugehen und Strömungsablösungen zu vermeiden. Dabei werden dreidimensionale Berechnungsmethoden eingesetzt, die eine genaue Betrachtung aller Zustandsgrößen erlauben. In der Grafik Bild 2.16 wird eine 3D-Berechnung für den statischen Druckaufbau an den Schaufeln des Laufrads gezeigt. Dabei gibt der Farbcode den Wert für den Druck an.

Diffusor

Mit der absoluten Austrittsgeschwindigkeit c_2 aus dem Laufrad wird dem Medium eine hohe kinetische Energie aufgeprägt. Die Geschwindigkeit c_2 tritt mit großem Drall in den Diffusor ein, der das Laufrad umgibt. Bei der Gestaltung dieser Komponente kommt es sehr darauf an, die Strömungsenergie möglichst weitgehend in statischen Druckaufbau umzuwandeln. Wegen des relativ flachen Austrittwinkels im Bereich von 22 bis 26° würde die Strömung in einem unbeschaufelten Ringraum spiralförmig nach außen gelangen und dabei einen erheblichen Platz benötigen.

In der Luftfahrt steht dieser Raum nicht zur Verfügung, weshalb der Diffusor mit Schaufeln ausgeführt wird. Sie bewirken durch „Aufrichtung" der Strömung eine Verkürzung des spiralförmigen Strömungswegs und bauen dabei über den Drallentzug und die Flächenerweiterung den statischen Druck auf. Da eine verzögerte Strömung grundsätzlich zum Ablösen von den Wänden des Strömungskanals neigt, wenn die Verzögerung zu stark wird, sind die Umwandlungswirkungsgrade nur im Bereich von 50 bis 70 % zu realisieren. Die oft eingesetzten Keilschaufeln beenden den kontinuierlichen Verzögerungsvorgang im Außenbereich durch plötzliche Flächenerweiterung, wodurch die restliche Druckerhöhung mit geringerem Wirkungsgrad vollzogen wird.

Letztlich muss die Luft jedoch eine axiale Richtung in der Brennkammer nehmen, wozu weitere Umlenkschaufeln von der radialen in die axiale Richtung eingesetzt werden, die auch noch den Restdrall aus der Strömung nehmen. Auch dieser Bereich bedarf der sorgfältigen Auslegung, um den Wirkungsgrad zu stützen.

Der Druckaufbau innerhalb der Radialstufe ist natürlich mit einem relativ hohen Energiebedarf verbunden, der ausschließlich durch das Laufrad in die Strömung eingebracht wird. Hierzu ist die Welle von dem Turbinenlaufrad anzutreiben. Eine einfache Rechnung mit Strömungsgeschwindigkeiten (Bild 2.17) verschafft einen Überblick über die Größenordnung des Leistungsverbrauchs eines Laufrads mit zirka 62 Millimeter (mm) Durchmesser: Mit einer Umfangsgeschwindigkeit von u_2=400 m/s und

Aufgenommene Leistung des Radialverdichters

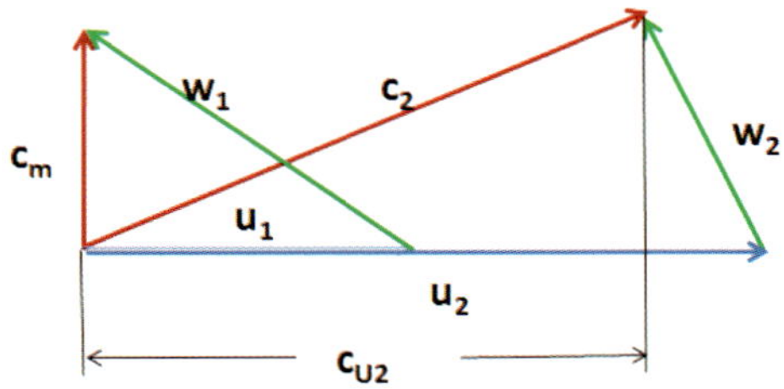

$$P_V = m \cdot (u_2 \cdot c_{u2} - u_1 \cdot c_{u1}) \quad \text{mit } c_{u1} = 0$$
$$P_V = m \cdot u_2 \cdot c_{u2} \quad \text{in Watt}$$

Bild 2.17: Berechnung der Leistungsaufnahme eines Radialverdichterlaufrads

einer Umfangskomponente der Austrittsgeschwindigkeit c_{u2}=340 m/s ergibt sich mit einem Massenstrom von 0,32 kg/s eine mechanische Leistung von:

$$P_{verdichter} = 43{,}5\ kW \sim 59\ PS$$

Der Energieverbrauch drückt sich auch in der Temperaturerhöhung der verdichteten Luft aus, deren Temperatur je nach Druckverhältnis in den Bereich von zirka 150 Grad Celsius gehen kann. Eine relativ einfache Rechnung führt auf die Erwärmung der Verdichterluft während der Verdichtung unter Zuhilfenahme der spezifischen Wärme der Luft von 1.010 j/kg und Grad:

$$\Delta T = \frac{u_2 \cdot c_{u2}}{1010} = \frac{400 \cdot 340}{1010} = 135°$$

Verdichterkennfeld

Ein rotierendes Verdichterlaufrad produziert nicht von sich aus eine bestimmte Druckerhöhung. Es reagiert in einem Durchflusssystem auf die anliegenden Bedingungen. Lässt eine geförderte Luftmenge den Druck im System steigen, hält der Verdichter die Förderung aufrecht, allerdings bei geringerem Durchsatz. Ein einfaches Beispiel ist die Druckluftversorgung. Ein Kompressor fördert Luft in einen Speicher. Anfangs ist der Druck gering, der Verdichter hat es leicht, den Speicher zu füllen. Mit zunehmendem Druck hat es der Verdichter schwerer, zu fördern. Die Menge sinkt. Druckerhöhung und Volumendurchsatz stehen also bei einem Verdichter in einem umgekehrten Verhältnis, das außerdem noch von der Drehzahl abhängt. Diesen Zusammenhang nennt man Kennlinie. Die Schar von Kennlinien für verschiedene Drehzahlen in einem Diagramm stellt ein Verdichterkennfeld (Bild 2.17) dar.

Das Kennfeld stellt den stabilen Betriebsbereich des Verdichters dar. Die Betriebszustände stellen sich auf der Kennlinie unterschiedlich ein, je nach den herrschenden Druckbedingungen. Es kommt zu Abweichungen der Strömungswinkel vom Idealbereich. Solche Fehlanströmungen erhöhen die Verlustbildung innerhalb der Lauf- und Leitbeschaufelungen, was zu einer Verminderung des Wirkungsgrads führt. In dem beispielhaften Kennfeld sind die Linien gleichen Wirkungsgrads (grün) in Form von „Höhenlinien" eingezeichnet. Man erkennt so auch den Bereich maximaler Wirkungsgrade auf den einzelnen Kennlinien. Außerdem enthält das Kennfeld die stationäre Fahrlinie, auf der sich die Betriebszustände der Turbine bei unterschiedlichen Drehzahlen befinden.

Pumpgrenze

Eine markante Betriebsgrenze stellt die so genannte Pumpgrenze dar. Sie trennt den stabilen vom instabilen Betriebsbereich des Verdichters. Nähern sich die Betriebspunkte durch Steigerung der Druckerhöhung der Pumpgrenze, so treten je nach Zustand innerhalb der Laufradbeschaufelung als auch in den Diffusorleitschaufeln Strömungsabrisse auf, die den Druckaufbau zusammenbrechen lassen. Der Verdichter kann nicht mehr gegen den hohen anliegenden Druck fördern (Beispiel Druckluft) und es kommt zu einer Entladung des Systems durch eine Rückströmung durch das rotierende Laufrad. Durch den Entladevorgang sinkt der Druck am Ende des Verdichters. Ab einer bestimmten Schwelle ist der Verdichter wieder in der Lage, die Förderung aufzunehmen und der Druck steigt wieder an. Hat sich an den Betriebsverhältnissen nichts geändert, so läuft dieser Pumpvorgang erneut ab. Die Frequenz ist natürlich von der Größe und Speicherfähigkeit der Komponenten abhängig. Im Falle der Modellflugturbinen läuft der Pumpvorgang mehrmals in der Sekunde ab und ist deutlich hörbar.

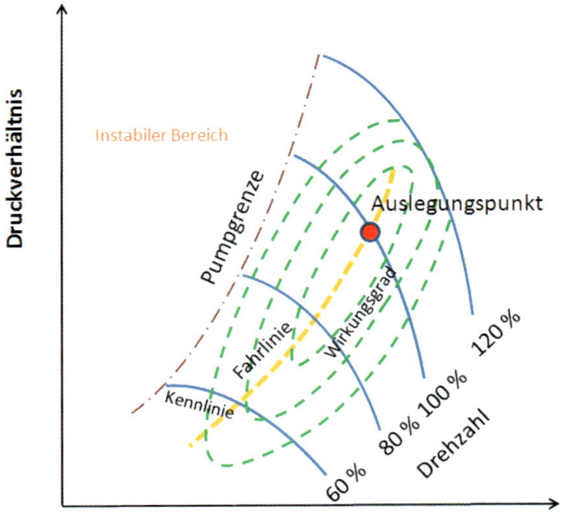

Bild 2.18: Typisches Kennfeld eines Radialverdichters bei Drehzahlvariation

Weniger spektakulär ist ein weiteres Phänomen des instabil arbeitenden Verdichters, der Rotating Stall. Wie der Name bereits sagt, handelt es sich hierbei um eine rotierende Abreißströmung, die entgegen der Drehrichtung des Laufrads von einem zum anderen Schaufelkanal wandert und dort für einen Einbruch des Druckaufbaus sorgt. Der Rotating Stall ist nicht ohne Weiteres wahrnehmbar, hat aber ähnliche Wirkungen auf die zyklischen Belastungen der Schaufeln wie das Pumpen. Der Rotating Stall ist meist eine Vorstufe des Pumpens und muss vermieden werden. Während des stabilen Betriebs liegt an den Schaufeln ähnlich wie beim Tragflügel eine Druckdifferenz von Saug- zur Druckseite an. Die Schaufeln müssen daher nicht nur eine Fliehkraft, sondern eine weitere Biegebelastung durch die Druckdifferenz ertragen. Solange diese stationär ist, lässt sich die Schaufel mechanisch entsprechend dimensionieren. Während des Pumpens oder im Rotating Stall gehen die aerodynamischen Schaufelbelastungen in zyklische Belastungen über und „rütteln" an den Schaufeln so lange, bis sie versagen.

Aufstau

Häufig wird der Effekt des Druckaufbaus im Fluge durch den Aufstau der Eintrittsströmung in den Verdichter diskutiert. Dabei überschätzt man den Effekt auf den Verdichter meist, denn bei einer Fluggeschwindigkeit von zum Beispiel 200 Stundenkilometern (55 m/s) entsteht ein Staudruck von 0,018 bar, was gemessen an der Drucksteigerung des Verdichters von 1,5 bis 3 bar relativ wenig ist. Bedenkt man, dass die Eintrittsgeschwindigkeit in die Verdichterschaufeln 135 m/s beträgt, so wird auch in diesem Fall im Turbineneinlauf eine Beschleunigung stattfinden. Trotzdem sind im Kapitel 6.2 noch einige Hinweise auf die Gestaltung von Einläufen zu finden.

An dieser Stelle soll ein Vergleich mit den Impellern erwähnt werden, deren Druckerhöhung in dem Bereich von 0,02 bis 0,03 bar liegt. Sie reagieren somit extrem empfindlich auf eine Stauverdichtung, manche legen beim Fluge wirklich zu.

2.2.2 Brennkammer

Der Verdichter fördert seine Luft in die Brennkammer. Sie hat die schwierige Aufgabe, große Mengen an Brennstoff mit einer noch größeren Luftmenge so zu verbrennen, dass bei allen Laststufen vor dem Eintritt in die Turbinenstufe eine möglichst gleichmäßige Temperaturverteilung in der Ringfläche herrscht. Dabei sollten die Druckverluste möglichst gering sein und dennoch genügend Kühlluft an die tragenden Strukturen gelangen. In modernen Flugtriebwerken muss außerdem die Verbrennung möglichst schadstoffarm erfolgen, was einen Low-NOx-Brenner mit Vormischung erfordert. Die geometrische Form der Brennkammer kann sehr unterschiedlich sein. In älteren Triebwerken werden noch heute Einzelbrennkammern ringförmig um die Wellentunnel angeordnet. Sie bedienen jeweils ein Kreissegment des Turbineneintrittsleitrads mit heißen Abgasen. Eine weitere Form sind die Ringbrennkammern. Sie bilden einen hohlen Ring um den Wellentunnel und enthalten zahlreiche Brenner.

In Brennkammern der Luftfahrt und der Industrie werden Einspritzdüsen verwendet, die wegen des im Vergleich zum Modellflug viel höheren Druckniveaus in den Flugtriebwerken von über 20 bar einen sehr hohen Primärdruck verlangen, der von einer Einspritzpumpe zu erzeugen ist. Diese Technik hat sich von Anfang an nicht für die Gasturbinen der Modellflieger angeboten.

Die Entwicklung einer für den Modellflug geeigneten Brennkammer war wohl die schwierigste Aufgabe, die es zu bewältigen galt. Verkleinerungen von Originalbauteilen aus den Flugtriebwerken oder stationären Gasturbinen konnten nicht funktionieren, denn in den Modellflug-Gasturbinen

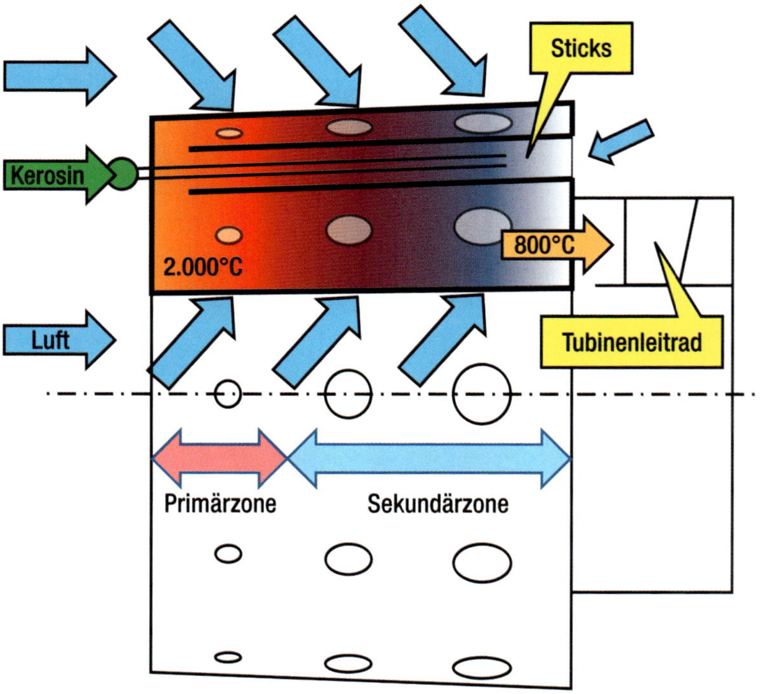

Bild 2.19: Die Brennkammer gilt als wesentliches Bauteil der Modellflugturbinen und muss den höchsten Temperaturen standhalten

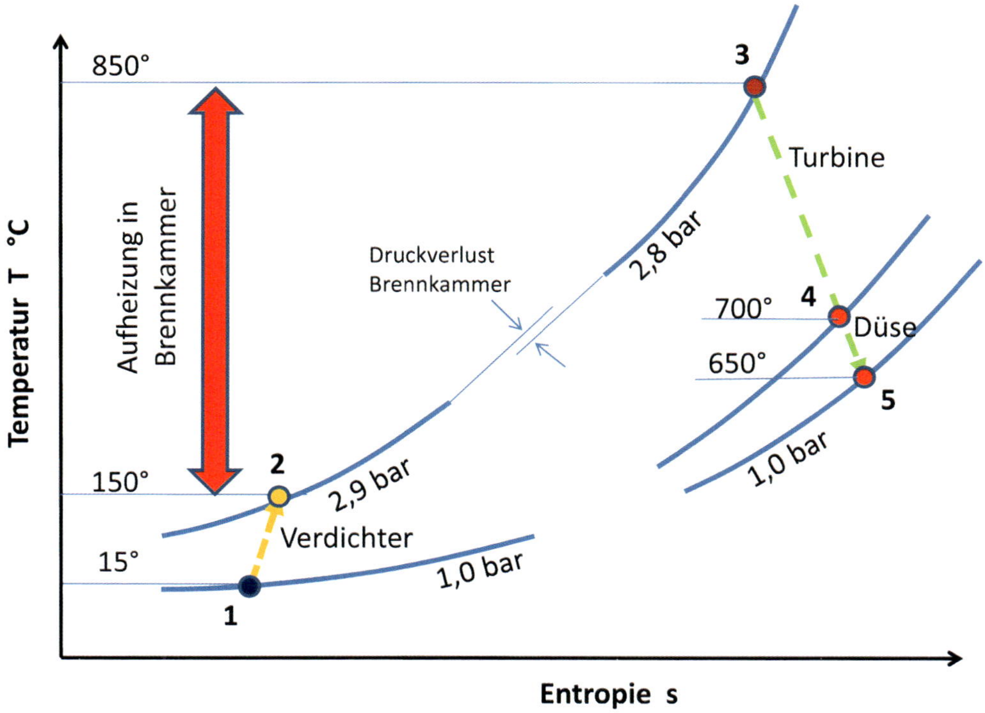

Bild 2.20: Das T-s-Diagramm für die Beispiel-Gasturbine gibt eine Übersicht über den Verlauf der Zustandsänderung

herrscht ein ähnliches Strömungsgeschwindigkeitsniveau. Innerhalb der sehr kleinen Brennkammerabmessungen muss die Mischung der Luft mit Brennstoff und die Verbrennung abgeschlossen werden, damit die Flammenfronten nicht durch das Turbinenleitrad und -laufrad durchtreten.

Bild 2.19 zeigt einen Schnitt durch eine Umkehr-Brennkammer. Hierbei handelt es sich um eine typische Ringbrennkammer. Man sieht, dass die Verdichterluft um die Außenwand des Gehäuses geleitet wird und dabei ein Teil bereits durch die Öffnungen in der Brennkammerwandung in das Innere der Brennkammer gelangt. Ein weiterer Teil des Luftmassenstroms wird von hinten durch mehrere Rohre in die Brennkammer geleitet. In diesen Mischrohren, die man häufig als „Sticks“ bezeichnet, stecken die dünnen Brennstoffleitungen, die aus einer Ringleitung zu speisen sind.

Wenn der Brennstoff austritt, ist er noch nicht verdampft. In der heißen Umgebung kann er nun verdampfen und das Gemisch aus Brennstoffdampf und Luft hat innerhalb der Rohre Gelegenheit, sich intensiv zu verbinden, um ein zündfähiges Gemisch zu erzeugen. Der vordere Bereich der Brennkammer wird als Primärzone bezeichnet. In ihr muss das richtige Massenverhältnis von Luft und Brennstoff hergestellt werden. Im Falle von Kerosin ist ein Verhältnis von zirka 15:1 erforderlich. Hier findet die Verbrennung statt, die örtlich Temperaturen

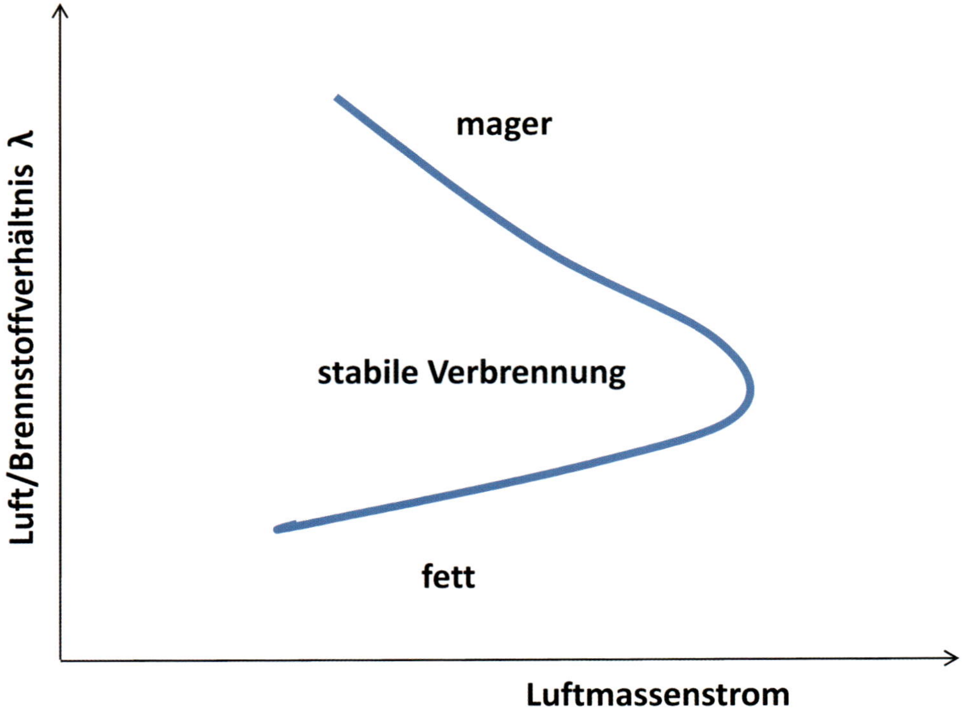

Bild 2.21: Die eingespritzte Menge an Kerosin muss für eine stabile Verbrennung in den Grenzen zu mager und fett gehalten werden

von 1.800 bis 2.000 °C erreichen kann. Da in der Primärzone nur weniger als ein Viertel der Luftmenge benötigt wird, kann man die Strömungsgeschwindigkeit zur Aufrechterhaltung der Flamme reduzieren. Dies geschieht durch unterschiedliche Dimensionierung der Zuluftöffnungen an den Brennkammerwänden.

Die intensive Vormischung ist auch ein Grund dafür, dass die Verbrennung in den Modellgasturbinen mit blauer Flamme ziemlich schadstoffarm abläuft. Der weitere Weg des Brenngases geht nach dem Verlassen der Primärzone in Richtung Turbinenleitrad. Der maximalen Temperatur in der Primärzone könnten die Bauteile der Turbine nicht widerstehen. Ziel der geometrischen Gestaltung der Brennkammer und der Dimensionierung der Luftzuführungen ist es, die Flammenfront in der Mitte der Brennkammer zu stabilisieren und durch Zumischung von „kalter" Verdichterluft von den Wänden abzuhalten. Nur so kann man verhindern, dass die Struktur der Brennkammer aus nichtrostendem Stahlblech beeinträchtigt wird. Der heiße Kern wird sozusagen in einem Luftkissen gehalten und durch weitere Luftzumischung weiter abgekühlt. Dieser Vorgang findet im hinteren Bereich der Brennkammer statt und bezeichnet die Sekundärzone. Wenn diese Verbrennungs- und Mischvorgänge abgeschlossen sind, hat das Abgas eine Temperatur von zirka 800 °C und kann dann in den Turbinenleitring eintreten.

Der Verbrennungsvorgang lässt sich anschaulich im eingeführten T-s-Diagramm darstellen (Bild 2.20). (Wegen der sonst größenmäßig ungünstigen Abmessungen wurden die Isobaren getrennt und die Bereiche Verdichter und Turbine enger zusammengeschoben.) Mit den Daten der Beispiel-Gasturbine kann der Zustandsverlauf vom Verdichteraustritt (2) bei 2,9 bar und 150 °C bis zum Turbineneintritt (3) mit 2,8 bar und 850 °C verfolgt werden. Dabei hat die Brennkammer einen angenommenen Druckverlust von 0,1 bar.

Ein weiteres Thema ist die Verbrennungsstabilität, das heißt, dass die Flammen im gesamten Lastbereich der Turbine nicht verlöschen dürfen. Für die vollständige (stöchiometrische) Verbrennung von einer Einheit Brennstoff definiert die Chemie eine bestimmte Menge Luft. Dieser Zustand ist $\lambda=1{,}0$. Für jede Brennkammer gibt es einen Bereich von fetter $\lambda>1{,}0$ und magerer $\lambda<1{,}0$ Verbrennung. In Bild 2.21 sind auch die Bereiche für λ angegeben, in denen die Flamme verlöschen würde. Man kann sich leicht vorstellen, dass im Flugbetrieb zum Beispiel im Sturzflug bei geringer Last ein zu hoher Luftstrom und eine zu geringe Brennstoffmenge in die Brennkammer gelangen. Man sieht, dass der stabile Bereich mit zunehmendem Massenstrom immer kleiner wird. Wenn die Flamme dann nicht erlischt, hat die Brennkammer ihre Aufgabe erfüllt. Und das tut sie hoffentlich auch unter anderen Lastbedingungen. Das war nicht immer so. Die heutigen Brennkammern sind das Resultat von langen experimentellen Untersuchungen. Die große Gemeinde der Turbinen-Selbstbauer hat wohl hunderte von Brennkammern gebaut, ihre Eigenschaften getestet und sich untereinander ausgetauscht.

Dabei ist die Frage berechtigt, warum nicht moderne Berechnungsverfahren eingesetzt werden konnten. Während die Strömungsberechnung in den übrigen Komponenten von Verdichter und Turbine heute durchaus auch kleine Unternehmen anwenden, sind die mathematischen Verfahren für eine Brennkammerentwicklung noch sehr aufwändig. Hier müssen in großen vernetzten 3D-Simulationen nicht nur die Aerodynamik, sondern auch die Reaktionskinetik, der Verbrennung und zu guter Letzt noch der Wärmeübergang an die Wandungen berechnet werden. Hierzu brauchen Computer noch heute wochenlange Rechenzeiten.

Flame out

Was der Motorabsteller für Propellerflieger ist, ist der Flame out für Turbinenflieger. Es ist auf den ersten Blick nicht einsehbar, warum geringe Unterbrechungen in der Brennstoffversorgung gleich den Ausfall des Turbinenantriebs nach sich ziehen. Könnte sich der wieder eintretende Brennstoff an den heißen Bauteilen entzünden? An dieser Stelle kann ein Zahlenbeispiel für Klarheit sorgen: Die 120-N-Turbine setzt zirka 0,32 kg Luft pro Sekunde (s) durch, was bei einem Druckverhältnis von 2,9 und einer Temperatur von 150 °C einen Volumenstrom von 140 l/s ergibt. Dieser Luftstrom würde auf die Querschnittsfläche der Brennkammer verteilt eine axiale Durchtrittsgeschwindigkeit von 25 m/s erreichen.

Da die Luft aber nur in einer kleineren Querschnittsfläche axial strömt, gilt die Annahme, dass die Strömungsgeschwindigkeit etwa 40 m/s entspricht. Bei einer üblichen Brennkammer muss die Verbrennung ungefähr auf einem 50 mm langen Weg abgeschlossen sein, wozu etwa eine Tausendstelsekunde zur Verfügung steht. Das ist auch der Grund dafür, dass bereits

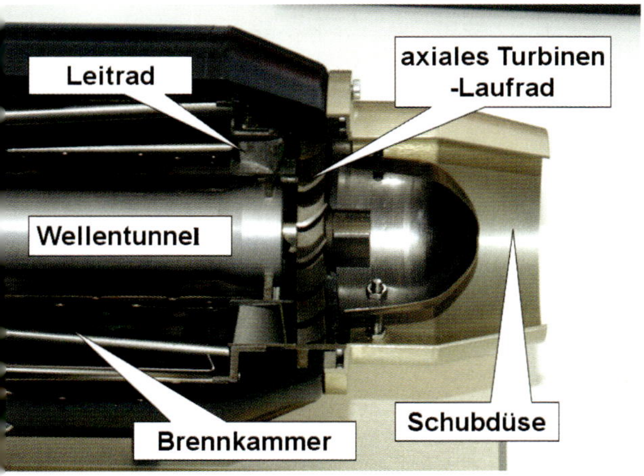

Bild 2.22: Die axiale Turbinenstufe, in der die Strömungsrichtung achsparallel verläuft, hat in die meisten Modellflugtriebwerken Eingang gefunden

geringe Ausfallzeiten in der Brennstoffversorgung zum Beispiel durch Luftblasen in der Zuleitung die Verbrennung abreißen lassen. Innerhalb von Sekundenbruchteilen ist die Flammenfront zusammengebrochen und die Temperaturen der heißen Innenteile reichen nicht aus, um bei Wiedereinsetzen der Brennstoffversorgung das Gemisch zu entzünden.

2.2.3 Turbine

Die Turbinenstufe hat die Aufgabe, den Verdichter und mögliche, weitere Verbraucher auf der gemeinsamen Welle anzutreiben. Dieses geschieht ausschließlich durch Entnahme von Energie aus dem Abgas der Brennkammer. Dabei werden die unter dem Verdichterdruck stehenden Gase auf einen geringeren Druck und eine niedrigere Temperatur entspannt. In diesem Zusammenhang wird als Temperatur die Totaltemperatur bei moderatem Geschwindigkeitsniveau definiert, um die strenge Unterscheidung zwischen totaler und statischer Temperatur zu vermeiden. Die Turbine kehrt also die Funktion des Verdichters um. Die abgegebene Turbinenleistung steigt mit zunehmendem Druckgefälle, wenn sich die Verbrennungsgase aufstauen. Mit zunehmender Eintrittstemperatur vergrößert sich das Volumen und verursacht einen höheren Eintrittsdruck. Die Turbinenleistung steigt wegen des höheren Energiegehalts der Verbrennungsgase.

Die Entspannung ist eine Druckabsenkung im System, bei der eine Arbeit erbracht wird, zum Beispiel durch Bewegung eines Kolbens. Die auftretende Temperaturdifferenz bildet einen direkten Bezug zu der Höhe der regenerierten Leistung. Gleichzeitig entstehen in der Beschaufelung Strömungsverluste durch Reibung an den Oberflächen. Beide Vorgänge finden typischerweise in der Turbine statt. Je höher der Wirkungsgrad, desto geringer die Austrittstemperatur der Turbine.

Für die Turbinenstufe hat sich eine axiale Bauweise (Bild 2.22) durchgesetzt. Sie ist für die Entspannung in der vorliegenden

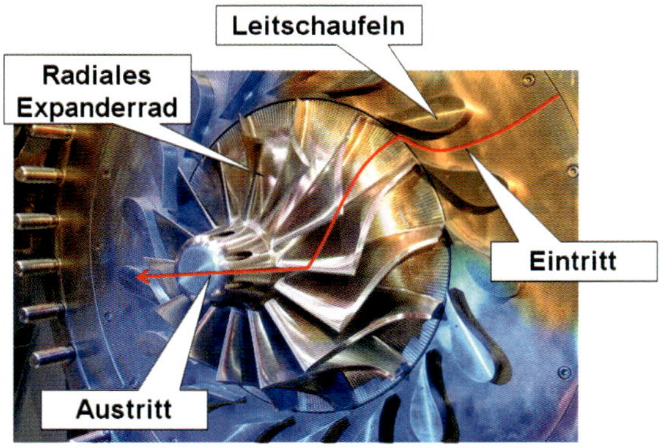

Bild 2.23: Die radiale Turbinenstufe wird in der Industrie und in Turboladern verwendet

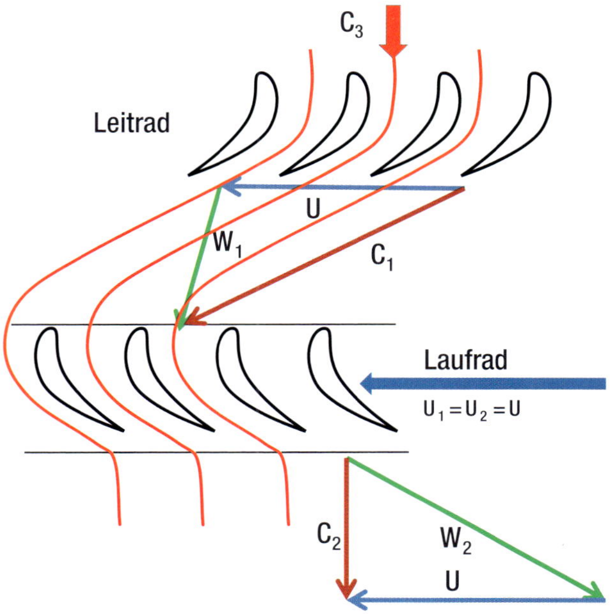

Bild 2.24: Stromlinien und Geschwindigkeitsdreiecke in der axialen Turbinenstufe

An dieser Stelle lässt sich sehr einleuchtend zeigen, dass die Freiheiten für einen geeigneten Turbinenentwurf größer sind als bei einem Verdichter. Die axiale Beschaufelung der Turbine wird auf zylindrischen Ebenen durchströmt, was den Einblick in die Strömungsvorgänge erheblich vereinfacht.

Axiale Turbinenstufen

Einige grundsätzliche Überlegungen zur Auswahl der Turbinenbeschaufelung sind für die Modellflugturbinen wichtig. Im Bereich der axialen Turbinen unterscheidet man zwischen Reaktions- und Impulsbeschaufelungen. Bei der Reaktionsbeschaufelung wird häufig das Druckgefälle etwa zur Hälfte auf das Leit- und Laufrad aufgeteilt. Eine solche Beschaufelung ist in Bild 2.24 dargestellt.

Größenordnung bestens geeignet. Außerdem hat der Abgasstrom bereits die axiale Richtung und bewirkt den überwiegenden Schubanteil. Es soll nicht verschwiegen werden, dass einige Modellflugturbinen (JPX, Sofia) in Analogie zum Turbolader auch Radialturbinenstufen enthalten haben. Die Funktionsweise ähnelt einem rückwärts durchströmten Radialverdichter. Dabei strömen die Verbrennungsgase von außen durch die Leitbeschaufelung und mit großem Drall in das Laufrad, das die Strömung in die axiale Richtung umlenkt (Bild 2.23). Diese Strömung wird gegen die Wirkung der Fliehkraft in Richtung Wellenmitte gelenkt, was nur durch einen Mindestdruck in der Brennkammer geschehen kann. Außerdem ist die überhängende Masse beträchtlich und nimmt erheblich mehr Wärme auf. Der Einsatz von Radialturbinen (Radialexpandern) hat sich wegen dieser Nachteile letztendlich nicht durchgesetzt.

Die Abgase aus der Brennkammer treten in axialer Richtung mit der Geschwindigkeit c_3 in die Leitschaufeln ein und werden in Drehrichtung des Rotors umgelenkt. Dieser Drallwinkel bewirkt in jeder Schaufelpassage eine Verengung der Durchtrittsfläche, die senkrecht zur Strömungsrichtung angeordnet ist. Am Austritt aus der Leitbeschaufelung, die in einem kompletten Ring angeordnet ist, ist die Strömungsgeschwindigkeit c_1 stark erhöht. In dem folgenden Laufrad kommt die Drehbewegung mit der Umfangsgeschwindigkeit u dazu. Die Wirkung der Umfangsbewegung der Laufschaufeln bewirkt, dass diese mit w_1 korrekt angeströmt werden. Innerhalb der Laufschaufelpassagen erfolgt wiederum eine Umlenkung des Strömungswinkels bei gleichzeitiger Verengung der Durchtrittsfläche. Am Vergleich der Länge der Vektoren w_2 und w_1 erkennt man die Geschwindigkeitszunahme innerhalb des Laufrads.

Betrachtet man nun den Zustand gerade außerhalb des Laufrads gilt die Geschwindigkeit c_2. Beim Verlassen des rotierenden Systems verliert c_2 ihren Drall. Sie ist die Strömungsgeschwindigkeit in der Düse und beinhaltet die für die Schuberzeugung nutzbare Energie.

Bringt man die beiden Geschwindigkeitsdreiecke in eine Darstellung erhält man Bild 2.25. Mit den Zahlenwerten von 0,32 kg/s für den Massenstrom, 350 Meter pro Sekunde für u und 415 m/s für Δcu ergibt sich die Leistungsabgabe des Turbinenrads mit zirka 65 mm Durchmesser zu:

$P_T = 46{,}5\ \text{kW} \approx 63\ \text{PS}$

Damit ist der Antrieb des Verdichters einschließlich einiger Kilowatt für die Lagerverluste gesichert.

Die zweite Art von Turbinenbeschaufelungen wird Impulsbeschaufelung (oder auch Gleichdruckbeschaufelung) genannt. Die besondere Eigenart dieser Beschaufelung ist, dass sich die Strömungsgeschwindigkeiten innerhalb der Laufschaufelpassagen kaum ändern und somit die Ein- und Austrittsgeschwindigkeiten w_1 und w_2 gleich sind. Da dabei der Druck nahezu unverändert bleibt – daher auch Gleichdruckbeschaufelung – muss nun im Leitrad das gesamte Druckgefälle durch Beschleunigung von C_0 auf c_1 abgebaut werden. Ein Vergleich der beiden Beschaufelungstypen ist in Bild 2.26 dargestellt. In Bild 2.27 sind die Geschwindigkeitsdreiecke der Impulsbeschaufelung dargestellt.

Sind die Kräfteverteilungen an den Schaufeln bekannt, lässt sich die Leistung des Turbinenlaufrads auf eine weitere Art bestimmen. Das mechanische Drehmoment entsteht

$$P_T = m \cdot u \cdot (c_{u2} - c_{u1})$$
$$P_T = m \cdot u \cdot \Delta c_u \quad \text{in Watt}$$

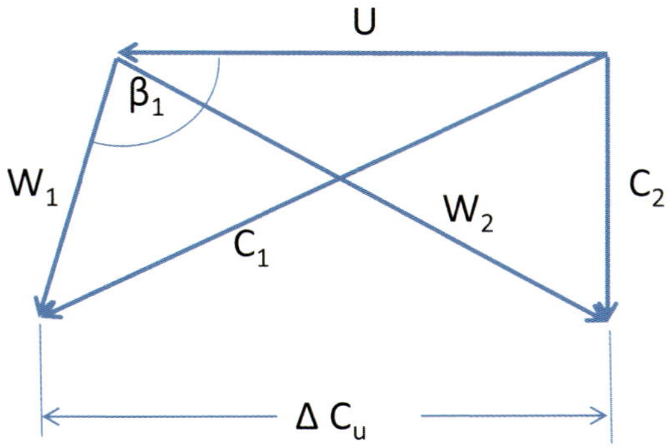

Bild 2.25: Bestimmung der Turbinenleistung aus den Geschwindigkeitsangaben einer Reaktionsstufe

durch die Umlenkung der Strömung innerhalb des Laufrads, die über die Impulsänderung eine in die Umfangsrichtung weisende Schaufelkraft Fu an jeder Schaufel erzeugt. Diese werden addiert und mit der Länge des Hebelarms a (mittlerer Schaufeldurchmesser zur Turbinenachse) multipliziert. Die generierte Leistung ergibt sich aus der Multiplikation mit der sekündlichen Drehzahl:

$M_u = \sum F_u \cdot a$
$P_T = M_u \cdot n/60$

Auswahlkriterien für die Beschaufelung der Modellturbine

Eine Impulsbeschaufelung führt auf ziemlich hohe Strömungsgeschwindigkeiten, wozu auch nur kleinere Strömungsquerschnitte erforderlich sind. Dies ist aber gar nicht erwünscht, denn die Schaufelabmessungen der Turbinen sind bereits an

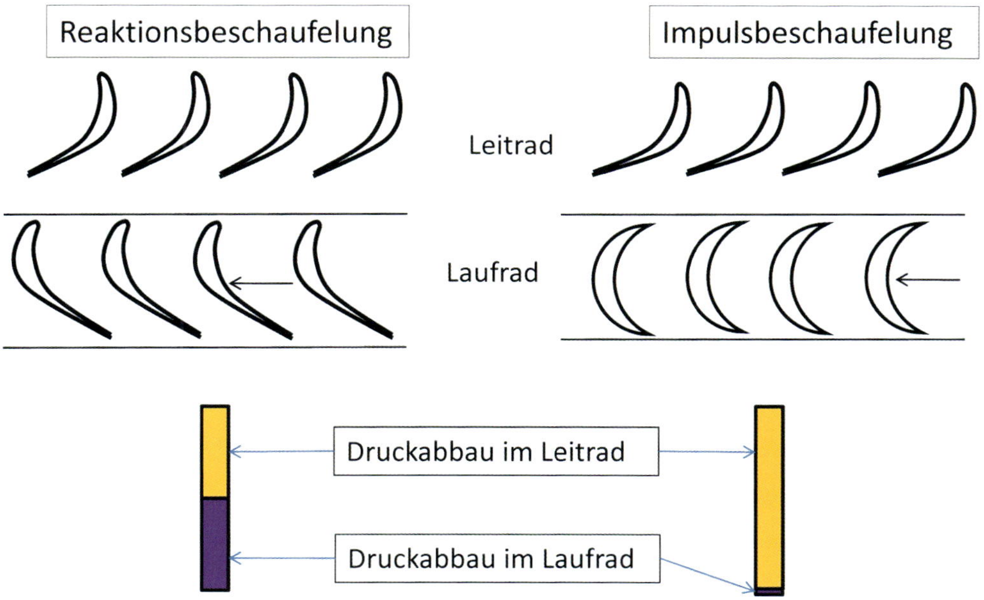

Bild 2.26: Die beiden grundsätzlichen Turbinenbeschaufelungen im Vergleich

der unteren Grenze. Mit kurzen Schaufeln nehmen nicht nur die Spaltverluste prozentual zu, sondern auch die Reibungsverluste aufgrund des Zusammenwachsens der Randzonen. In den wandnahen Bereichen der Strömung, auch Grenzschichten genannt, findet der Übergang von der normalen Strömungsgeschwindigkeit bis auf Null statt als Folge der Haftungsbedingung. Die Dicke der Grenzschicht sowie die aerodynamischen Parameter hängen von der Oberflächengüte und der Reynoldszahl (Re-Zahl) ab. Sie ist eine Vergleichskennzahl für die Reibungseffekte, die Strömungsgeschwindigkeit, Sehnenlänge des Profils mit der kinematische Zähigkeit des Mediums in ein Verhältnis setzt. Mit kleinen Reynoldszahlen wachsen die Grenzschichten an und versperren so den freien Querschnitt des Strömungskanals.

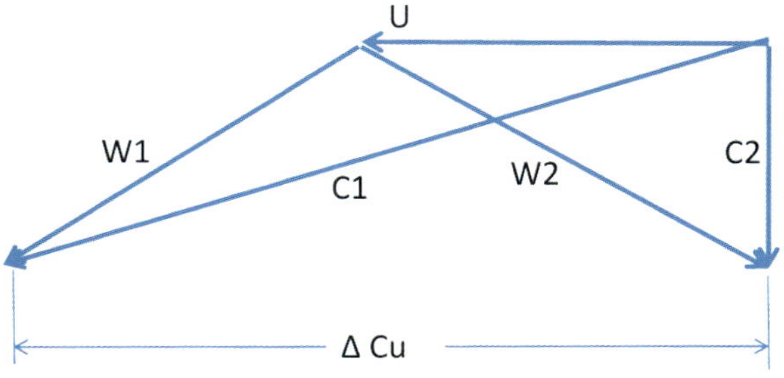

Bild 2.27: Die Geschwindigkeitsdreiecke für eine typische Impulsbeschaufelung

Die Spaltverluste werden nicht allein durch die Größe des Spaltes zur Außenwand erzeugt, sondern auch über die am Schaufelkopf anliegende Druckdifferenz von der Druck- zur Saugseite. An dieser Stelle muss auch mit dem Vorurteil aufgeräumt werden, dass ein Spalt bis zu einer Mindestgröße von mehreren Prozent der Schaufelhöhe nur einen geringen Einfluss hätte. Im Turbinenbau wird alles unternommen, um den Spalt zu verringern.

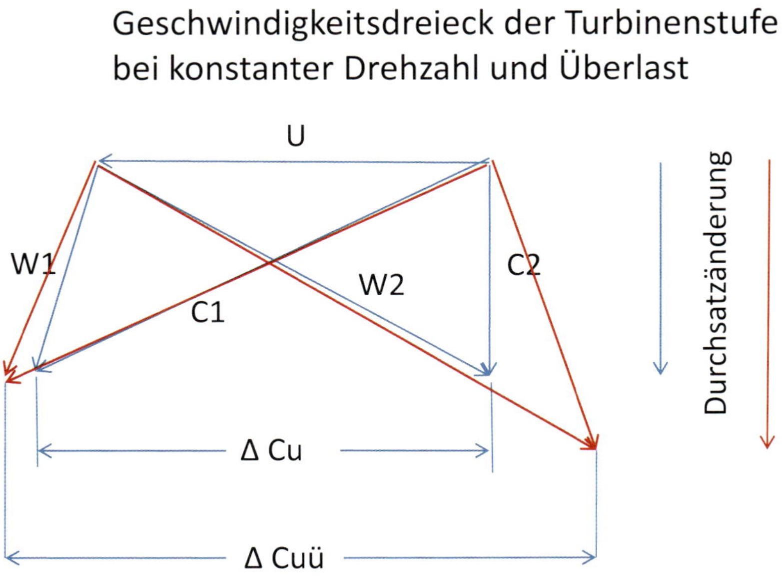

Bild 2.28: Das rote Geschwindigkeitsdreieck der Turbinenstufe für Überlast hat kaum Ähnlichkeit mit dem Auslegungszustand

Die Umfangsgeschwindigkeit hat für eine vorgegebene Leistung einen bemerkenswerten Bezug zum Wirkungsgrad der Turbine. Die anliegende Druckdifferenz ist eine Funktion des Quadrates der Umfangsgeschwindigkeit. Für eine geforderte Wellenleistung sind die Strömungsgeschwindigkeiten und Umlenkwinkel geringer und mit weniger Verlusten behaftet, wenn die Umfangsgeschwindigkeit steigt. Siehe Formel in Bild 2.25. Gleichzeitig steigt aber auch die mechanische Belastung der Turbinenscheibe und der Schaufeln. Nun lässt sich die Dicke der Scheibe und der Schaufelprofile nicht einfach steigern, um die mechanischen Spannungen zu verringern, denn das Gewicht und die aerodynamischen Eigenschaften von Profilen hängen von solchen Maßnahmen ab.

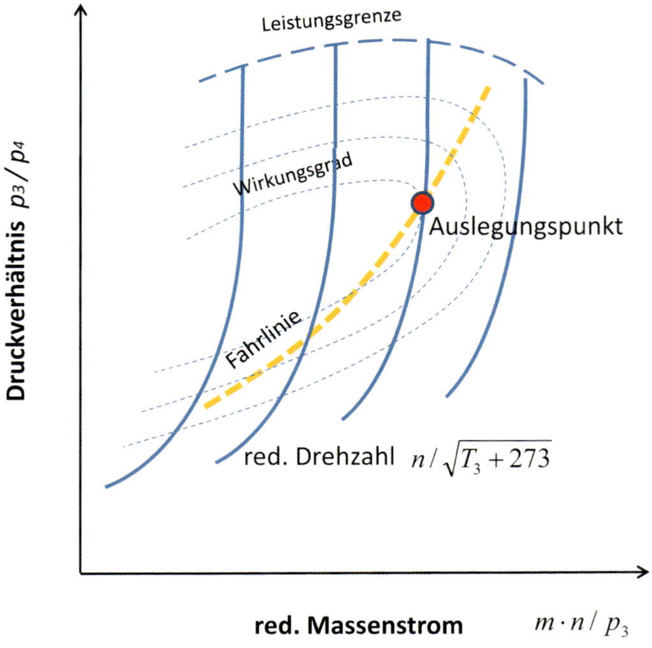

Bild 2.29: Das typische Kennfeld einer axialen Turbinenstufe

Bild 2.30: Entspannungsverlauf von Turbinenstufe und Düse beim Strahlantrieb

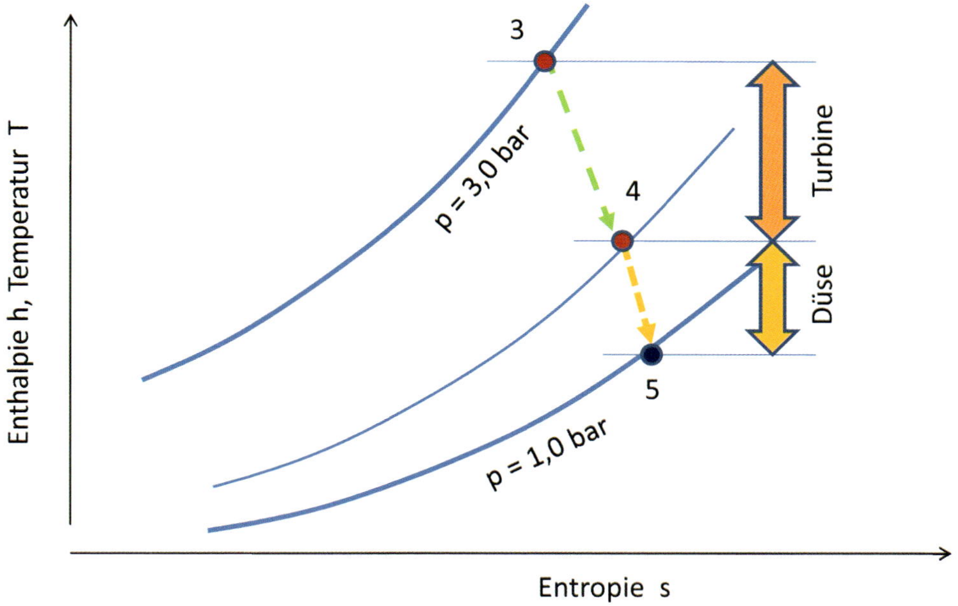

Verhalten bei abweichenden Betriebsbedingungen

Während des Betriebs der Gasturbine muss sich die Turbinenstufe laufend den geänderten Prozessbedingungen anpassen können. Diese Bedingungen können erheblich von den Auslegungswerten abweichen, wenn man an das Anfahren und die üblichen Lastwechsel nicht nur beim Strahlantrieb, sondern auch beim Hubschrauberantrieb denkt.

Bei allen von der Auslegung abweichenden Bedingungen ändern sich die Geschwindigkeiten und deren Richtungen sowohl für die Leit- als auch für die Laufschaufeln. Leit- und Laufschaufeln arbeiten im Unterschall und sind für die Beschleunigung der Strömungsgeschwindigkeiten c_1 und w_2 gemäß Bild 2.24 ausgelegt. Prinzipiell können die Schaufelprofile eine erhebliche Fehlanströmung vertragen, die im Bereich bis zu 40 Grad liegen kann. Die Umlenkeigenschaften werden nur wenig beeinflusst. Als Folge der Fehlanströmung können sich die so genannten Profilverluste vergrößern, was bei dieser Betrachtung allerdings vernachlässigt werden soll.

Soll zum Beispiel eine einwellige Hubschrauberturbine zügig beschleunigt werden, wird die Brennstoffpumpe mehr Kerosin in die Brennkammer transportieren und die Turbineneintrittstemperatur hoch schnellen lassen. Obwohl die Drehzahl noch unverändert ist (u = const), strömt ein über die Temperatur vergrößertes Volumen durch die Eintrittsschaufeln und erhöht die Geschwindigkeit c_1. Der gleiche Effekt trifft auch auf die Laufschaufel zu, was w_2 anwachsen lässt. In dem entsprechenden Geschwindigkeitsdreieck Bild 2.28 ist die Veränderung in rot gekennzeichnet. Es ergibt sich nun eine deutliche Vergrößerung von cuü im Vergleich zu dem ursprünglichen Wert. Die sich daraus ableitende Erhöhung des Drehmoments (und der Leistung) schlägt sich in der erwünschten Drehzahlsteigerung nieder.

Kennfeld

Auch für eine Turbinenstufe können die Betriebsparameter in einem Kennfeld dargestellt werden. Während beim Verdichter die Ansaugbedingungen Druck und Temperatur als konstant angesetzt werden, trifft dies bei der Turbine nur bedingt für den Austrittsdruck zu, da ihr die Düse nachgeschaltet ist. Wegen der Abhängigkeit der Kennlinien von der Temperatur und des Massenstroms von der Dichte wurden „reduzierte" Größen eingeführt, die die Werte entsprechend korrigieren.

Das Turbineneintrittsleitrad ist feststehend und bestimmt im Wesentlichen das Lastverhalten: Bei großem Druckgefälle steigt der Massendurchsatz und bei geringem Gefälle fällt er. Dabei wird die Durchtrittsfläche des Laufrads nicht mit den von der Auslegung vorgegebenen Volumenströmen durchströmt, was auch unterschiedliche Wirkungsgrade bewirkt. Die Kennlinien in Bild 2.29 zeigen im Gegensatz zum Verdichter einen geringeren Drehzahleinfluss. Solange in den Querschnittflächen Unterschall herrscht, gibt es einen Zusammenhang mit dem Druckabbau. Wird die Strömungsgeschwindigkeit bis zum Erreichen der Schallgeschwindigkeit gesteigert, tritt das Sperren der Schaufelpassagen auf. Dann ist bei gegebenen Eintrittsbedingungen keine weitere Steigerung des Massenstroms mehr möglich. Als weitere Linie ist, wie beim Verdichterkennfeld, die Fahrlinie eingezeichnet, auf der die Schubregelung über die Drehzahl stattfindet.

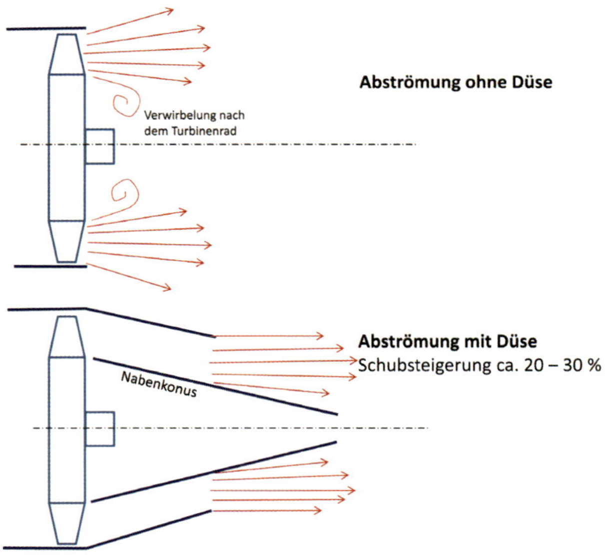

Bild 2.31: Einfluss der Düse auf die Turbinenabströmung

Anpassung von Verdichter und Turbine

Das „harmonische" Zusammenwirken von Verdichter und Turbine ist für die Funktion der Gasturbine von weitreichender Bedeutung und muss in allen erdenklichen Betriebszuständen funktionieren. Die Massenströme durch alle drei Komponenten müssen zwangsläufig gleich sein. Durch das Aufstauverhalten der Turbinenstufe wird genau der Durchsatz eingestellt, der den Verdichter in den stabilen Bereich seiner Kennlinie drosselt. Damit liegen beide Fahrlinien fest. Für die auslegungsgemäße Funktion der Gasturbine ist die Einhaltung der Auslegungsdaten bei besten Wirkungsgraden sehr wichtig. Diese Adaption wird während der Entwicklung der Turbine beim Hersteller vollzogen.

2.2.4 Düse

Die Düse leitet die Abgase aus der Turbine direkt in die Umgebung. Obwohl sie als statisches Bauteil der Strömung keine Energie zuführen kann, ist sie an der Schuberzeu-

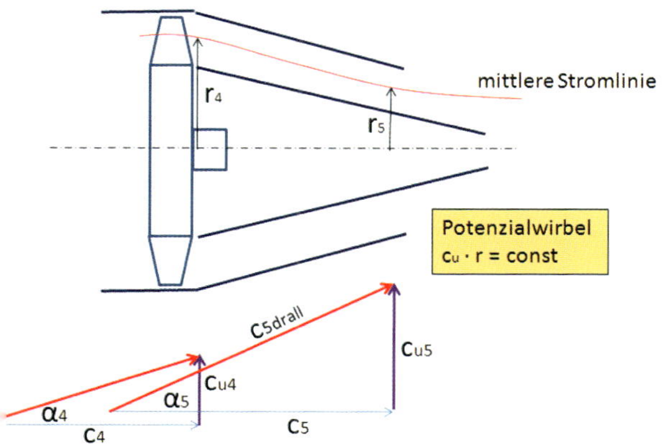

Bild 2.32: Einfluss des Dralls nach der Turbinenstufe auf die Düsenabströmung

gung maßgeblich beteiligt. Düse und Turbine sind jeweils Teil des Entspannungsverlaufs (Bild 2.30).

Die Schubdüse ist als konvergente Düse ausgelegt, deren engster Querschnitt am Ende des geführten Strömungskanals entsteht. Die Auslegung der Düse muss alle Parameter wie Temperatur, Druck und Querschnittsfläche in ein Optimum für den Schub bringen. Ist ihre Austrittsfläche zu klein, kann der Schub zwar ansteigen, doch der Verdichter wird zunehmend in Richtung der Stabilitätsgrenze gedrängt und kann mit einem unerwünschten Pumpen beginnen. Ist die Austrittsfläche zu großzügig gewählt, so wird beim Schub einiges verschenkt.
Natürlich kann die Düse auch weggelassen werden, was einen Verlust an Schub nach sich zieht. Außerdem schützt der Nabenkonus das Turbinenrad vor den heißen Abgasen, die durch die Wirbelbildung an die Außenfläche der Scheibe (Bild 2.31) gelangen und zusätzliche Wärme eintragen.

Die Abstimmung der Düse ist stark von dem vorliegenden Triebwerkstyp abhängig. Während in der militärischen Luftfahrt die Abströmgeschwindigkeiten bis zur Schallgeschwindigkeit gesteigert werden, liegt diese im Modellflug weit im Unterschall. Aus diesem Grunde wirken sich alle Querschnittveränderungen direkt auf den Austrittdruck des Turbinenrads aus.

Die Schallgeschwindigkeit ist eine Größe, die von dem Medium und dessen Zustandswerten abhängt. Im Wesentlichen sind es die Gasart und die Temperatur in Grad Kelvin:

$$a = \sqrt{\kappa \cdot R \cdot T} = \sqrt{1{,}4 \cdot 288 \cdot (600 + 273)}$$
$$= 593 \text{ m/s}$$

Man sieht, dass die Schallgeschwindigkeit des Abgases bei einer Temperatur von 600 Grad Celsius einen Wert von 593 m/s erreicht. Eine Unterschallströmung in dem Abgasstrahl kann also eine Geschwindigkeit von 593 m/s haben, obwohl landläufig die Schallgeschwindigkeit mit 330 m/s angegeben wird, allerdings bei 20 °C.

Genaue Werte der Abströmgeschwindigkeit sind jedoch messtechnisch schwer zu erzielen, deshalb kann man sich mit einem „Trick" helfen, denn mit dem Schub und dem Abgasmassenstrom kann man leicht die gemittelte Düsenaustrittsgeschwindigkeit berechnen. Das gilt aber nur, wenn die Düse gut an das Triebwerk angepasst wurde.

$$c_5 = \frac{S}{\dot{m}} = \frac{120 \text{ N}}{0{,}32 \text{ kg/s}} = 375 \text{ m/s}$$

Im Unterschall herrscht in der Austrittsfläche der Düse grundsätzlich der Umgebungsdruck. Da die Austrittströmung aus dem Turbinenrad bereits eine beachtliche

Bild 2.33: Die Entwicklung geht weiter zum Fan-Triebwerk mit hohem Bypassverhältnis von Mike Burlington (Jet International 2003)

Geschwindigkeit hat, sind die Beschleunigungsraten in der Düse nicht allzu hoch. Messungen verschiedener Autoren zeigen, dass die eingesetzten Düsen nur eine Schubsteigerung im Bereich von 20 bis 30 Prozent bewirken. Der Grund liegt in dem geringen zur Verfügung stehenden Druckpotenzial. Wie oben bereits behandelt, entnimmt die Turbinenstufe den überwiegenden Teil des vom Verdichter aufgebauten Drucks, sodass nur ein Rest zur Geschwindigkeitssteigerung verbleibt. Um eine Vorstellung über die Druckdifferenz an der Düse zu erhalten, nehmen wir an, dass die mittlere Austrittsgeschwindigkeit aus der Turbinenbeschaufelung 0,75 x 375 m/s = 280 m/s und axial gerichtet ist. Um überschlägig den Druck aus der Turbinenbeschaufelung zu berechnen, gilt:

$$p_4 - p_5 = \frac{\rho_4}{2} \cdot (c_5{}^2 - c_4{}^2) \text{ mit } \rho_4 = \frac{p_4}{R \cdot T_4}$$

$$= \frac{120000}{289 \cdot 873} = 0{,}476 \text{ kg/m}^3$$

$$= \frac{0{,}476}{2} \cdot (375^2 - 280^2) = 0{,}148 \text{ bar}$$

Nur zirka 0,15 bar stehen nach dieser einfachen Abschätzung in der Düse zur Beschleunigung zur Verfügung. Damit liegt auch der Austrittsdruck nach dem Turbinenlaufrad mit 1,0 + 0,15 bar = 1 ,15 bar fest. so kann man auch in Bild 2.31 verstehen, dass ohne Düse nach dem Turbinenrad ein „Aufplatzen“ der Strömung erfolgen muss.

Wie im Kapitel zuvor dargelegt, kann die Abströmung aus der Turbinenstufe eine Drallkomponente enthalten, die sich auf ihrem Weg durch die Düse noch verstärkt. Grund dafür ist der Drallsatz, der einen Zusammenhang zwischen der Drallkomponente c_u und dem Radius r herstellt:

$$c_u \cdot r = \text{const}$$

Wird also gemäß Bild 2.32 eine drallbehaftete Strömung auf einen geringeren Radius r_2 geführt, gilt:

$$c_{u1} \cdot r_1 = c_{u2} \cdot r_2 \text{ und } c_{u2} = c_{u1} \frac{r_1}{r_2}$$

und damit ein Anwachsen des Drallwinkels α am Düsenaustritt. Die im Düsenaustritt auftretende Umfangskomponente der Abströmung vermindert die axiale Geschwindigkeit c_5, mit der der Schub berechnet wird und reduziert den maximal erreichbaren Schub.

Die beschriebene Anpassung der Düse bedeutet, dass bei der Expansion im Austrittquerschnitt der Düse gerade der Umge-

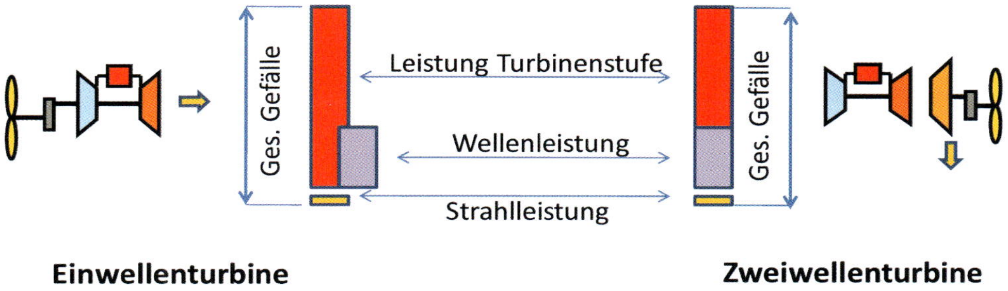

Bild 2.34: Aufteilung der Gefälle an den Turbinenstufen von Einwellen- und Zweiwellenturbinen

bungsdruck herrscht und die Abströmung drallfrei ist. Die Turbine sollte in ihrem Auslegungszustand arbeiten.

Zukunft

Im Bereich der einfachen Strahlantriebe hat die Entwicklung einen bestimmten Reifegrad erreicht, der zukünftig vor allem die Reduzierung des Brennstoffverbrauchs zum Ziel haben wird. Die mechanischen Antriebe sind eher wenig verbreitet, sodass die Entwicklungszeiträume verlängert werden.

Das große Ziel hat aber die Luftfahrt vorgegeben. Zur Verbesserung des Vortriebwirkungsgrads im unteren Geschwindigkeitsbereich kann nur die Erhöhung des Luftmassenstroms bei gleichzeitiger Senkung der Strahlgeschwindigkeit helfen. Damit wird es in absehbarer Zukunft um die Entwicklung eines preiswerten Fan-Triebwerks gehen (Bild 2.33).

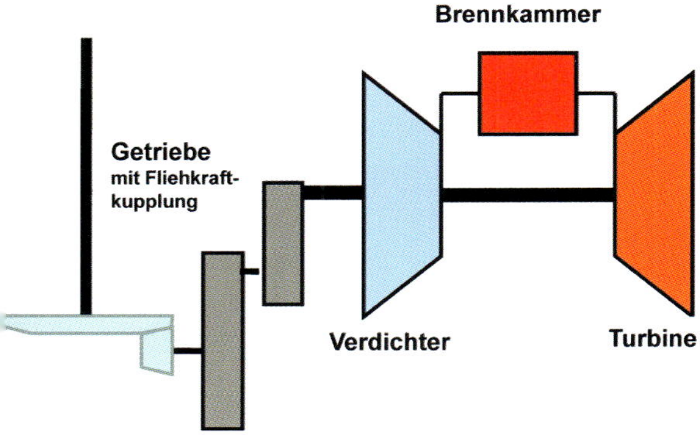

Bild 2.35: Prinzipbild eines Helikopterantriebs durch Einwellenturbine

2.3 Die Wellenleistungsturbine

Im Gegensatz zum Strahltriebwerk, bei dem ein möglichst hoher Energieanteil im Abgasstrahl verbleiben soll, muss eine Wellenleistungsturbine möglichst alle Energie aus dem Abgas herausnehmen und in Form von Antriebsenergie auf die Welle bringen. Das kann optimal nur über eine geänderte Auslegung des Turbinenrads erfolgen, bei der nach Abzug der Verdichterleistung noch eine beträchtliche Restleistung auf der Welle verbleibt.

Die technische Lösung dieser Leistungsentnahme ist im Triebwerksbau nicht unproblematisch, denn auf der einen Seite sind die thermischen Randbedingungen schwierig, um eine Schmierung beziehungsweise Kühlung aufrecht zu erhalten. Meist wird als Ort der Leistungsentnahme der so genannte kalte Teil der Turbine gewählt: der Verdichter. Technisch haben sich auch im Bereich des Modellflugs zwei Bauformen entwickelt:

Die Einwellenturbine und die Zweiwellenturbine

Bild 2.34 zeigt die unterschiedlichen Leistungsanteile der Turbinenstufen in diesen beiden Fällen. Bei der Einwellenturbine muss das Turbinenlaufrad die gesamte Energie in mechanische Leistung umwandeln. Während ein großer Teil für den Verdichterantrieb genutzt wird, kann ein Teil dieser Leistung an der Welle mittels Getriebe abgegriffen werden. Bei der Zweiwellenturbine bleibt die ursprüngliche Turbine als „Gasgenerator" weitgehend unverändert. Die Energie des Abgasstrahls wird in einer zweiten Turbinenstufe auf separater Welle in Antriebsleistung umgewandelt. In beiden Fällen ist eine Schubentwicklung durch die ausströmenden Abgase meist unerwünscht, da die Abgasführung nicht immer in Flugrichtung orientiert werden kann. Deshalb wird die Strahlleistung minimal eingestellt.

2.3.1 Einwellenturbinen

Obwohl sich der typische Aufbau der Turbine (Bild 2.35) kaum ändert, ergeben sich bei der Einwellenturbine Änderungen im Bereich der Turbinenstufe. Da der Abgasstrahl nicht mehr benötigt wird, kann die Schubdüse entfallen. Die fehlende Drosselung nach der Turbine bewirkt, dass der Austrittsdruck des Turbinenrads nun gleich dem Umgebungsdruck ist. Unter der Annahme, dass der Verdichter von dieser Änderung nicht betroffen ist, liegt am Turbinenrad eine größere Druckdifferenz an, die eine größere Leistungsausbeute ermöglichen würde. Die Turbine wäre so geeignet, eine erhebliche Wellenleistung abzugeben.

Die Ausnutzung eines größeren Gefälles bewirkt bei vorhandenem Laufrad eine Zunahme der Strömungsgeschwindigkeiten, die die erwünschte Leistungserhöhung nach sich ziehen. Es ergeben sich Geschwindigkeitsverhältnisse wie im Fall von Bild 2.28. Dabei

Bild 2.36: Die erste in Serie produzierte Helikopterturbine lieferte JetCat

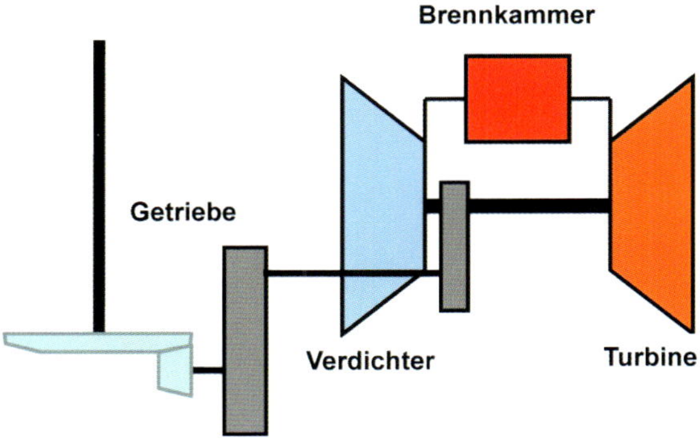

Bild 2.37: Das Prinzip der Jakadofsky-Turbine für den Helikopterantrieb

bleiben die Abströmwinkel aus dem Leitrad und dem Laufrad nahezu erhalten, was die Rekonstruktion des Geschwindigkeitsdreiecks (rot) für diesen Fall erleichtert. Gleichzeitig tritt wegen der tieferen Entspannung eine weitere Temperaturabsenkung im Abgas auf.

Die verbliebene Strömungsgeschwindigkeit c_2 im Abgasstrahl, die noch mehr als 50 Prozent des ursprünglichen Schubs ausmachen kann, lässt sich in einem Diffusor – einem Abgasrohr mit sich erweiterndem Querschnitt – verzögern und in einen Druckaufbau umwandeln. Da am Ende des Diffusors der Umgebungsdruck anliegt, herrscht am

Bild 2.38: Die Jakadofsky-Turbine verwendet ein Stirnradgetriebe zur Leistungsentnahme

Eintritt des Diffusors ein Unterdruck. Die Turbine kann so auf einen Druck unterhalb des Umgebungsdrucks entspannen, da der Diffusor ihn wieder genau auf das Niveau der Umgebung anhebt.

Wegen der Vielzahl von Einstellparametern kann die Turbinenstufe leicht an gewünschte Betriebsbedingungen angepasst werden. Dabei werden Veränderungen der geometrischen Abmessungen der Schaufelkanäle ebenso eingesetzt wie Winkeländerungen der Schaufeln. Auf Profiländerungen kann in begrenzten Bereichen verzichtet werden.

Technisch haben sich im Bereich des Modellflugs zwei Bauformen für die Leistungsabnahme bei einwelligen Turbinen entwickelt:

Abtrieb an der Verdichternabe

In der Praxis kann die Leistungsabgabe unter Volllast zu groß für ein leichtes Getriebe sein, sodass häufig eine Drosselung des Triebwerks vorgenommen werden muss. Die Wellenleistungsturbine kann eine beträchtliche Leistungszunahme erreichen, wenn sie auf ihre ursprünglichen Betriebstemperaturen gebracht wird. Theoretisch kann ein Turbinenrad mit etwa 65 mm Durchmesser eine Gesamtleistung von 70 Kilowatt generieren. Den überwiegenden Teil benötigt der Verdichter. Die Restleistung muss aber von einem Verbraucher abgenommen werden, sonst würde der Rotor sofort mit einer Drehzahlsteigerung

antworten. Ein solcher Verbraucher ist der Rotorantrieb für einen Hubschrauber. Dabei werden maximale Drehzahl und Brennstoffmenge begrenzt, womit sich auch das Temperaturniveau in der Turbine absenkt.

Der Turbinenhersteller hat die Wellenleistungsturbine an den Einsatzfall angepasst. Das kann durch Festlegung von Drehzahlen und Wellenleistungen geschehen oder durch Vorgabe von Rotordurchmesser und Modellgewichten.

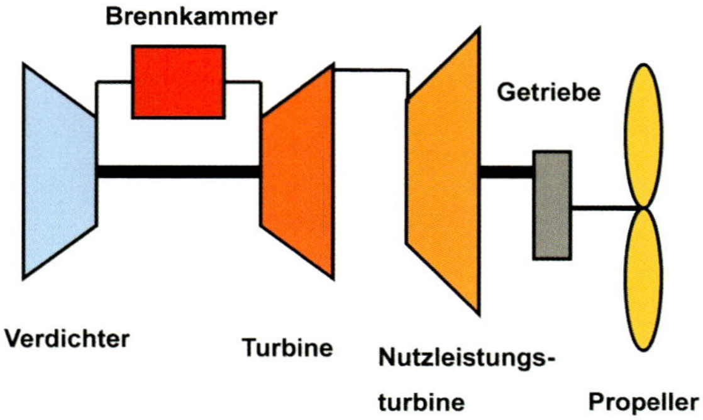

Bild 2.39: Das Prinzip der Zweiwellenturbine

Die Helikopterturbinen von JetCat nehmen zum Beispiel die Leistung mittels Zahnriemen direkt an der Verdichternabe ab. Das Zahnriemengetriebe ist geräuscharm und wartungsfreundlich. Es sorgt für eine mechanische Entkoppelung, die eine hohe Laufruhe bewirkt (Bild 2.36).

Jakadofsky-Turbine

Warum nicht die Leistung direkt an der Turbinenwelle nach dem Verdichter abgreifen? Diese Idee setzt die Firma Jakadofsky Jet Engines in ihren Wellenleistungsturbinen (Bild 2.37) um. Inzwischen ist dieses Getriebesystem nicht nur für Modelltriebwerke, sondern auch für den allgemeinen Gasturbinenbau patentiert worden.

Ein kleines Ritzel auf der Turbinenwelle zwischen den Lagern treibt ein Großrad an, das Teil des zweistufigen Stirnradgetriebes ist. Dessen Welle wird achsparallel durch den Diffusor zur Vorderseite des Triebwerks geführt wird. Wie die Kugellager

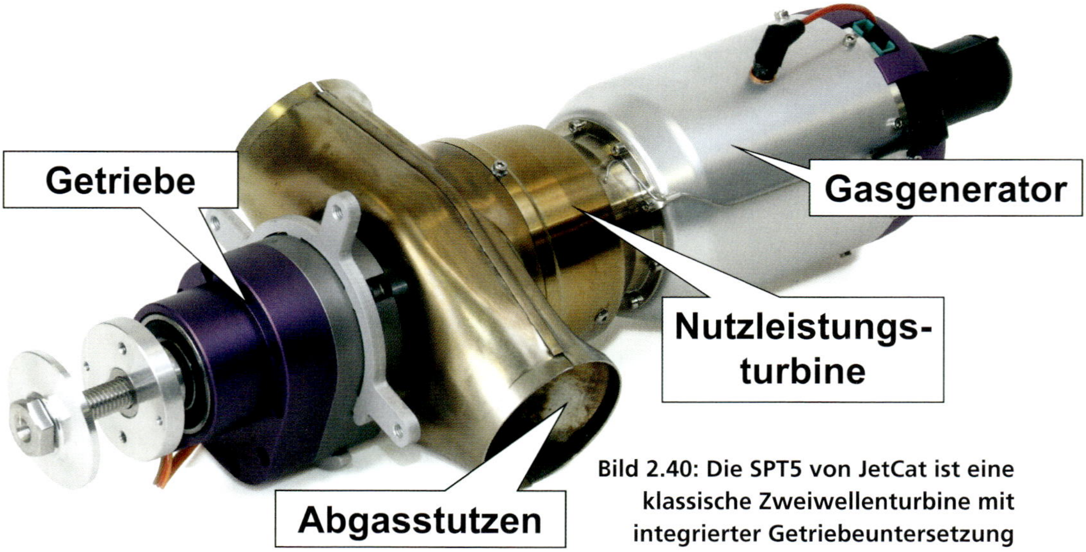

Bild 2.40: Die SPT5 von JetCat ist eine klassische Zweiwellenturbine mit integrierter Getriebeuntersetzung

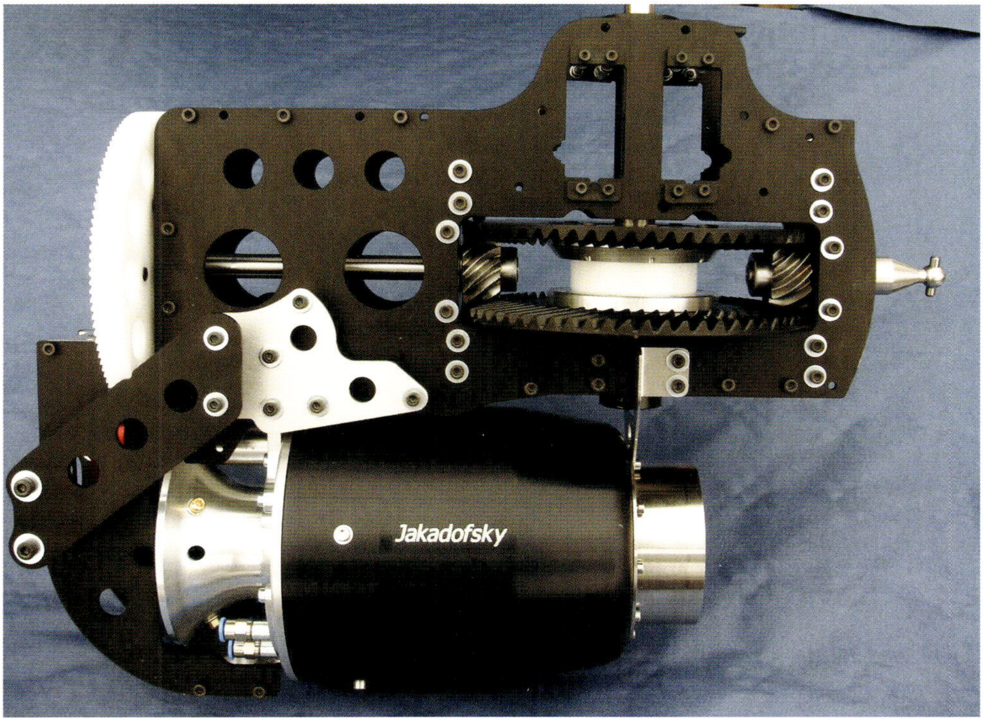

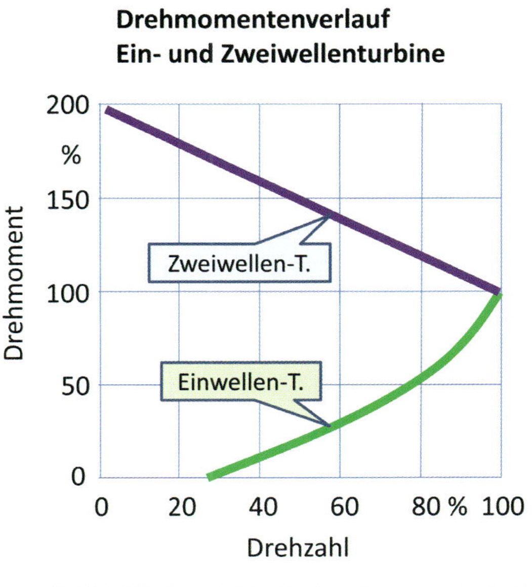

Bild 2.41: Vergleich der Drehmomente bei einer Einwellen- und Zweiwellenturbine bei maximaler Last

wird das Getriebe mit einem Teilstrom der Brennstoffzufuhr mit fünf Prozent Ölanteil geschmiert und gekühlt, der vor den Brennkammerdüsen abgezweigt wird. Die Schmierung erfolgt durch hohle Getriebewellen, dann durch die Getriebekugellager in das Zentrum der Zahnräder. Das zur Schmierung verwendete Brennstoff-Ölgemisch geht nicht verloren, sondern wird anschließend in der Brennkammer verbrannt.

Bei einer Turbinendrehzahl von zirka 89.000 U/min wird die Nutzleistungswelle mit einer Drehzahl von zirka 17.400 U/min getrieben und gibt etwa vier Kilowatt ab. Vorteile dieser Bauart sind die Kühlung des Getriebes durch die Verdichterluft, die allerdings bei einem Druckverhältnis von zwei immerhin eine Temperatur von zirka 90 °C aufweist. Außerdem bleibt die Verdichternabe für den Startermotor zugänglich.

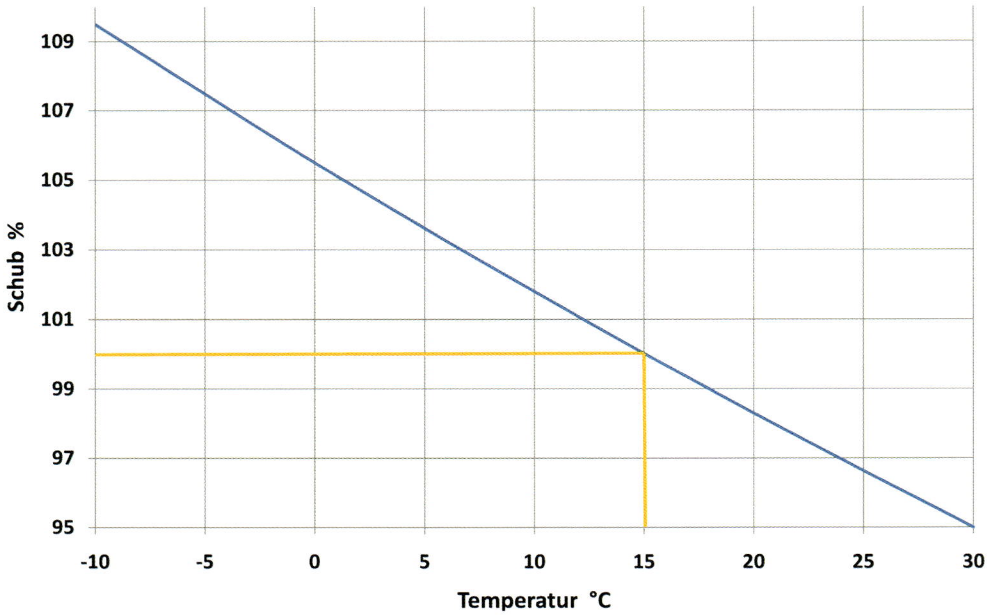

Bild 2.42: Einfluss der Umgebungstemperatur auf den Schub

Nachteilig wirkt sich die Verlängerung der Baulänge, insbesondere des Lagerabstands aus, der die kritische Drehzahl absenkt. In diesem Zusammenhang soll nicht verschwiegen werden, dass bei anderen Konzepten der Abgriff der Wellenleistung an der Verdichternabe ebenfalls die überhängende Masse und den Abstand zum Lager vergrößert und so die Amplituden der Wellenschwingungen verstärkt.

2.3.2 Zweiwellenturbinen

Die Erzeugung einer Wellenleistung in einer separaten Turbinenstufe führt auf eine Zweiwellenturbine (Bild 2.39). In diesem Fall wird die Abgasleistung der Gaserzeugerturbine in einer unabhängigen Nutzleistungsturbine in Wellenleistung umgewandelt. Eine Zweiwellenturbine zeichnet sich gegenüber einer Einwellenturbine durch höhere Teillastwirkungsgrade, ein besseres Beschleunigungsverhalten und einen für viele Anwendungen optimalen Drehmomentverlauf aus. Diese Vorteile führen dazu, dass diese Art der Gasturbinen in Fahrzeugen, Schiffen und in Hubschraubern als Rotorantrieb dienen.

Propellerturbine (Turboprop)

Die gasdynamische Verbindung zum Gasgenerator hat für den Propellerantrieb einige Vorteile. Die Drehzahl des Propellers ist unabhängig von der Drehzahl des Gasgenerators und kann vereinfacht mit der Charakteristik eines Elektromotors verglichen werden. Ein kleiner Propeller läuft bei höheren Drehzahlen und ein größerer bei geringeren Drehzahlen, letztendlich bei etwa gleicher Leistung. Der Propeller wird bei Laständerung mit hohem Drehmoment beschleunigt und dreht im Flug auch entsprechend der aufgenommenen Leistung höher. Allein die Leerlaufdrehzahl liegt höher und hat einen geringeren Bremseffekt zur Folge.

Die Entwicklung einer Propellerturbine ist der folgerichtige Schritt in der Gasturbinentechnologie für den Flugmodellbau. Mit dem Kerntriebwerk P60 von JetCat (Bild 2.40) wurde ein Gasgenerator eingesetzt, der eine Nutzleistung von zirka sieben Kilowatt bereitstellt, allerdings in Form eines heißen Gasstroms. Um diese Leistung zu generieren, wird eine im Durchmesser vergrößerte Nutzleistungsturbine mit separater Welle eingesetzt, deren Drehzahl nun bereits auf etwa 60.000 U/min herabgesetzt ist. Diese Anordnung nennt man Zweiwellentriebwerk. Ein Planetengetriebe reduziert dann die Drehzahl auf 6.000 bis 7.800 U/min, die für Propeller der Größenordnung 24 x 13 bis 28 x 10 Zoll geeignet sind.

Einwellenturbine oder Zweiwellenturbine?

Bei der Einwellenturbine laufen Verdichter, Turbine und Abtriebswelle immer im gleichen Drehzahlverhältnis. In Kraftwerksturbinen wird die Drehzahl auch bei Lastschwankungen durch den Generator stabilisiert, wodurch der Luftdurchsatz ebenfalls unverändert bleibt. Die Lastanpassungen können daher schnell durch die Änderung der Brennstoffmenge ausgeregelt werden.

Wird aber wie im Falle eines Hubschrauberantriebs durch Laständerung eine Senkung der Abtriebsdrehzahl eingeleitet, sinken damit auch der Luftdurchsatz und das Druckverhältnis des Verdichters und so auch die Wellenleistung und das Drehmoment. Nun muss die Drehzahlabsenkung durch Erhöhung der Brennstoffmenge ausgeregelt werden. Die Turbineneintrittstemperatur steigt und führt zu einer Erhöhung des Drehmoments. Da aber nicht nur die Turbinenwelle, sondern auch der gesamte Rotor mit einem erheblich größeren Massenträgheitsmoment beschleunigt werden müssen, benötigt das Gesamtsystem mehr Zeit zur Drehzahlerhöhung. Da der effektivste Weg zur momentanen Leistungserhöhung der Turbine über einen Drehzahlsprung mit steigender Luftmasse und Druckverhältnis durch die Massenträgheit des Rotorsystems behindert wird, muss die Erhöhung der Turbineneintrittstemperatur umso heftiger sein. Nur so kann der momentane Leistungsbedarf gedeckt werden.

Man kann also festhalten, dass bei einer Einwellenturbine mit Nutzlast deutliche Temperaturänderungen im Fall von Laständerungen zu verzeichnen sind. Die Temperatursteigerungen neigen zum Überschwingen. Der Verlauf des Drehmoments als Funktion der Drehzahl ist für Beschleunigungsvorgänge weniger optimal, wie in Bild 2.41 angegeben. Die Drehmomentkurve hat einen eher proportionalen Verlauf, das heißt, das Moment nimmt mit steigender Drehzahl zu, hat aber für die Beschleunigung wenig Reserven. Ungenaue Anpassungen von Leistungsverbrauchern hinsichtlich der Drehzahl führen zu einem dauerhaften Betrieb außerhalb der optimalen Betriebsbedingungen.

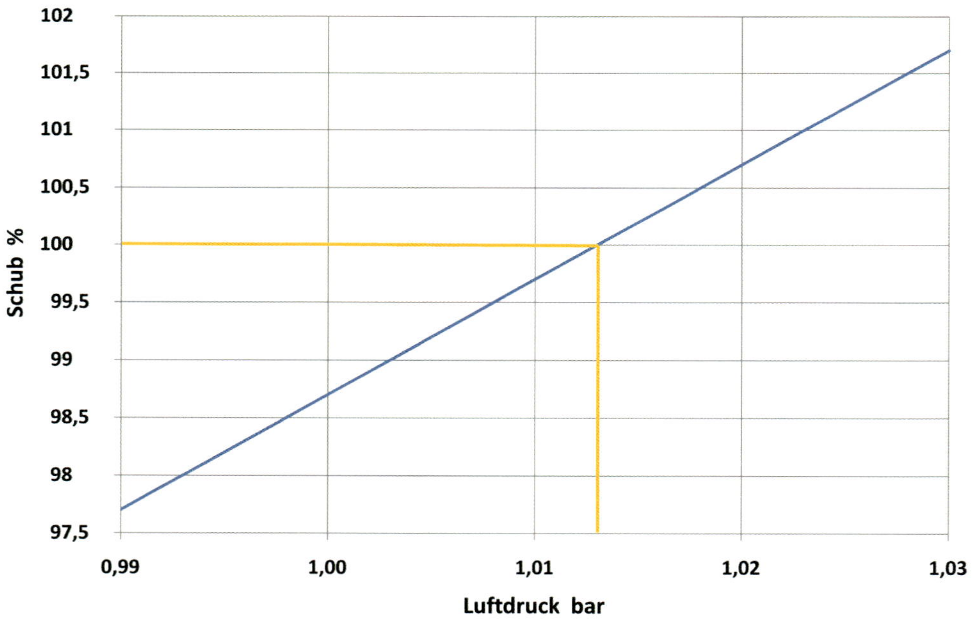

Bild 2.43: Einfluss des atmosphärischen Luftdrucks auf den Schub

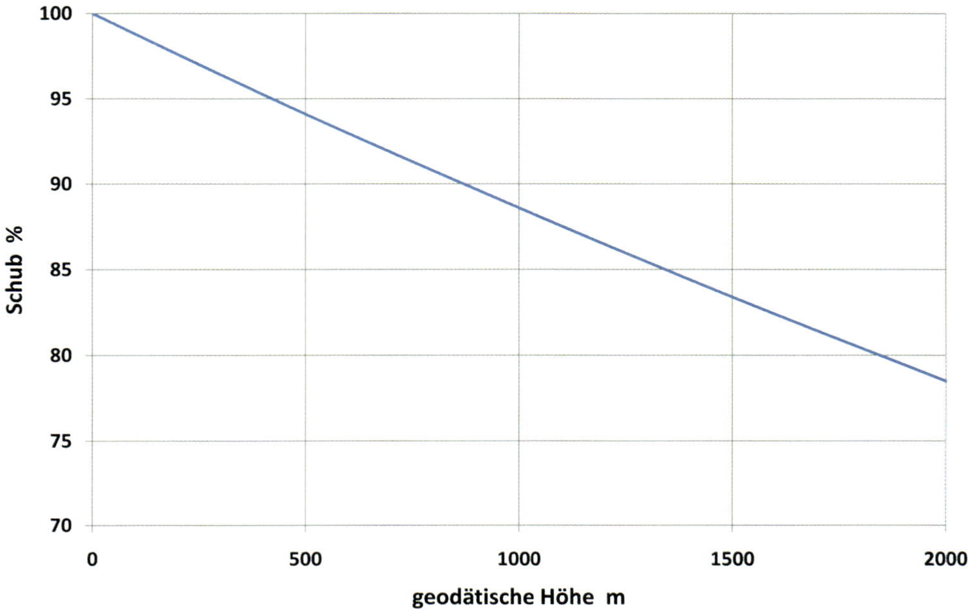

Bild 2.44: Etwas praxisnäher ist der Einfluss der geodätischen Höhe auf den Schub

Bei einer Zweiwellenturbine ist die Abtriebsdrehzahl unabhängig von der Drehzahl des Verdichters mit seiner Antriebsturbine. Betrachtet man wiederum eine Laständerung eines Hubschrauberrotors, so kann der Verdichter mit seiner Antriebsturbine als so genannter Gasgenerator seine Drehzahl beibehalten. Die freie Nutzleistungsturbine erhält weiterhin eine konstant bleibende Abgasleistung aus dem Gasgenerator. Die Ausregelung des Drehzahlabfalls erfolgt ebenfalls über die Erhöhung der Brennstoffmenge. Die Drehzahl der Gasgeneratorwelle kann aber im Gegensatz zur Einwellenturbine sprunghaft ansteigen und über mehr Luft und höherem Druck die Abgasleistung erhöhen. Die an das Rotorsystem gekoppelte Nutzleistungsturbine beschleunigt entsprechend. Die Beschleunigung fällt aber deutlich günstiger aus, denn die Nutzleistungsturbine hat ein sehr günstiges Drehmomentverhalten. Dieses Verhalten ähnelt sehr der Charakteristik eines Elektromotors: hohes Moment bei kleinen Drehzahlen und geringes Moment bei hohen Drehzahlen.

In der Zweiwellenturbine führt der Gasgenerator definitionsgemäß ein Eigenleben. Jede Leistungsänderung entspricht sowohl einer Änderung der Brennstoffmenge als auch der Gasgeneratordrehzahl. Er läuft bei Leerlauf mit niedrigster und bei Volllast mit höchster Drehzahl und vermeidet so einen Betrieb außerhalb seines optimalen Wirkungsgrads. Kurzzeitige Leistungsspitzen können elastisch aufgefangen werden. Größere Schwankungen der Abtriebsleistung führen aber zu stärkeren Drehzahländerungen des Gasgenerators als im Fall einer Einwellenturbine.

Helikopter

Diese unterschiedlichen Eigenschaften von Ein- und Zweiwellenturbinen führen in der Technik zu klassischen Anwen-

dungsbereichen. Die Einwellenturbinen werden zur Stromerzeugung eingesetzt, während die Zweiwellenturbinen neben dem Turboprop und Hubschrauberantrieb als mechanischer Antrieb von Pumpen und Verdichtern dienen.

Im Modellflug gelten aber durchaus andere Gesichtspunkte. Hier geht es in erster Linie um Kosten und Gewicht. Die Anbieter von Modellflug-Gasturbinen haben häufig die Einwellenturbinen als Hubschrauberantriebe im Angebot. Dies insbesondere in der kleinen Gewichtsklasse.

Wie vorher erläutert, muss bei diesem Typ von Turbinen eine sorgfältige Anpassung von Leistungsbedarf und Drehzahl vorgenommen werden. Hierzu dienen entweder die vorgesehenen Leistungsklassen oder auch unterschiedliche Radsätze für die Getriebeuntersetzungen. In diesem Punkt sind die Zweiwellenturbinen weniger empfindlich. Sie können Fehlanpassungen eher verkraften, haben aber doch einen höheren Bauaufwand.

Turboprop

Die für Flugmodelle bevorzugte Antriebslösung stellt der Turbopropantrieb mit Zweiwellenturbine dar. Er verbessert das dynamische Verhalten des Modells im Flug durch höhere Drehzahlen unter Last. Die Elektronik schützt das Getriebe bei Überdrehzahl.

Da im Fall der Einwellenturbine die Wellenleistung mit der Drehzahl zunimmt und die maximale Leistung nur bei der Maximaldrehzahl ansteht, muss der Propeller genau auf diese Charakteristik abgestimmt werden. Das geschieht üblicherweise mit einem Verstellpropeller.

2.4 Die Einflüsse der Atmosphäre

Schub oder Wellenleistung sind die gewünschten Nutzeffekte der Gasturbine. Um zu wissen, ob die Turbine auch die zugesagten Werte erreicht, kommt man nicht umhin, entsprechende Messungen zu machen, die jedoch teilweise extrem aufwändig sind.

Eine Schubmessung ist ziemlich einfach durchzuführen. Mit einem Gestell auf Schienen und einer passenden Federwaage kann man bereits ziemlich aussagekräftige Versuche machen. Messungen des Brennstoffverbrauchs, zum Beispiel des spezifischen Verbrauchs pro Schubeinheit fallen dabei leicht ab.

Schwieriger wird es, wenn Aussagen über Wellenleistungen gemacht werden sollen. Hier würden eine drehbare Aufhängung der Turbine mit Momenten- und Drehzahlmessung erforderlich, aus deren Multiplikation sich dann die mechanische Wellenleistung ergäbe.

$$P_w = M_d \cdot n/60 \ [W]$$

mit M_d in Nm und n in 1/min

Es können auch ein technisch genau beschriebener Generator oder eine kalibrierte Luftschraube angetrieben werden, um aus deren Daten die Wellenleistung zu errechnen. All diese Daten könnten nur dann zutreffend mit den vom Hersteller angegebenen verglichen werden, wenn die vereinbarten Umweltbedingungen übereinstimmen. Diese sind in einer so genannten ISO-Vorschrift definiert, mit 15 °C als Lufttemperatur, einem Luftdruck von 1,013 bar = 1.013 hPa (Hekto-Pascal) und einer relativen Feuchte von 60 Prozent. Es kommt natürlich vor, dass sich Hersteller in unserem Hobby-Bereich nicht an internationale Gepflogenheiten halten, sodass sich ein Garantienachweis als Problem herausstellen kann. Eine mathematische Ableitung der einzelnen Einflüsse sprengt den Rahmen dieses Buches. Beispielhaft sollen folgende Zusammenhänge erläutert werden:

Da die Dichte der Luft direkt mit dem Druck und der Temperatur zusammenhängt, ändert sich mit ihr der Massendurchsatz der Turbine. Ein höherer Massendurchsatz bewirkt einen größeren Schub und umgekehrt.

$$m = m_{iso} \cdot \frac{p_u \cdot 288}{1{,}013 \cdot (T_u + 273)}$$

Temperatureinfluss

Steigt die Umgebungstemperatur, muss bei gleichem Umgebungsdruck die Dichte abnehmen. Der Verdichter seinerseits saugt weiterhin einen konstanten Volumenstrom an, wodurch der Massenstrom mit steigender Temperatur absinkt. Außerdem wird der Verdichtungsprozess beeinflusst. Je höher die Eintrittstemperatur ist, desto höher auch die erforderliche spezifische Verdichtungsarbeit. Der Ansaugmassenstrom, die Leistung und der thermische Wirkungsgrad verlaufen gegenläufig zur Umgebungstemperatur bei sonst unveränderten Bedingungen (Bild 2.39). Als Anhaltswert kann gelten, dass 3 °C etwa einem Prozent Schubverlust entsprechen.

Die Brennkammertemperatur ist durch die maximal zulässige Eintrittstemperatur in die Turbinenstufe begrenzt und wird konstant gehalten. Bei höheren Umgebungstemperaturen steigt auch die Verdichteraustrittstemperatur und wegen der konstanten Brennkammeraustrittstemperatur sinken der Wärmeeintrag und der spezifische Brennstoffbedarf.

Luftdruck

Bei der Änderung des barometrischen Drucks kommen zu den üblichen Schwankungen die erheblichen Änderungen aufgrund der Höhe hinzu. Leistung und Massenstrom ändern sich proportional zum Umgebungsdruck und wirken sich entsprechend auf den Schub aus (Bild 2.43). Da das Druckverhältnis des Verdichters nahezu konstant bleibt, sind auch der Wirkungsgrad und die Austrittstemperatur konstant.

Die Auswirkungen einer geänderten Luftfeuchtigkeit ist im Bereich der Grenzen, in denen Modellflug betrieben wird, eher gering.

Bild 2.45: Die Drehzahlvariation der Turbine führt zu einer unterschiedlichen Exkursion der Betriebszustände im Verdichter

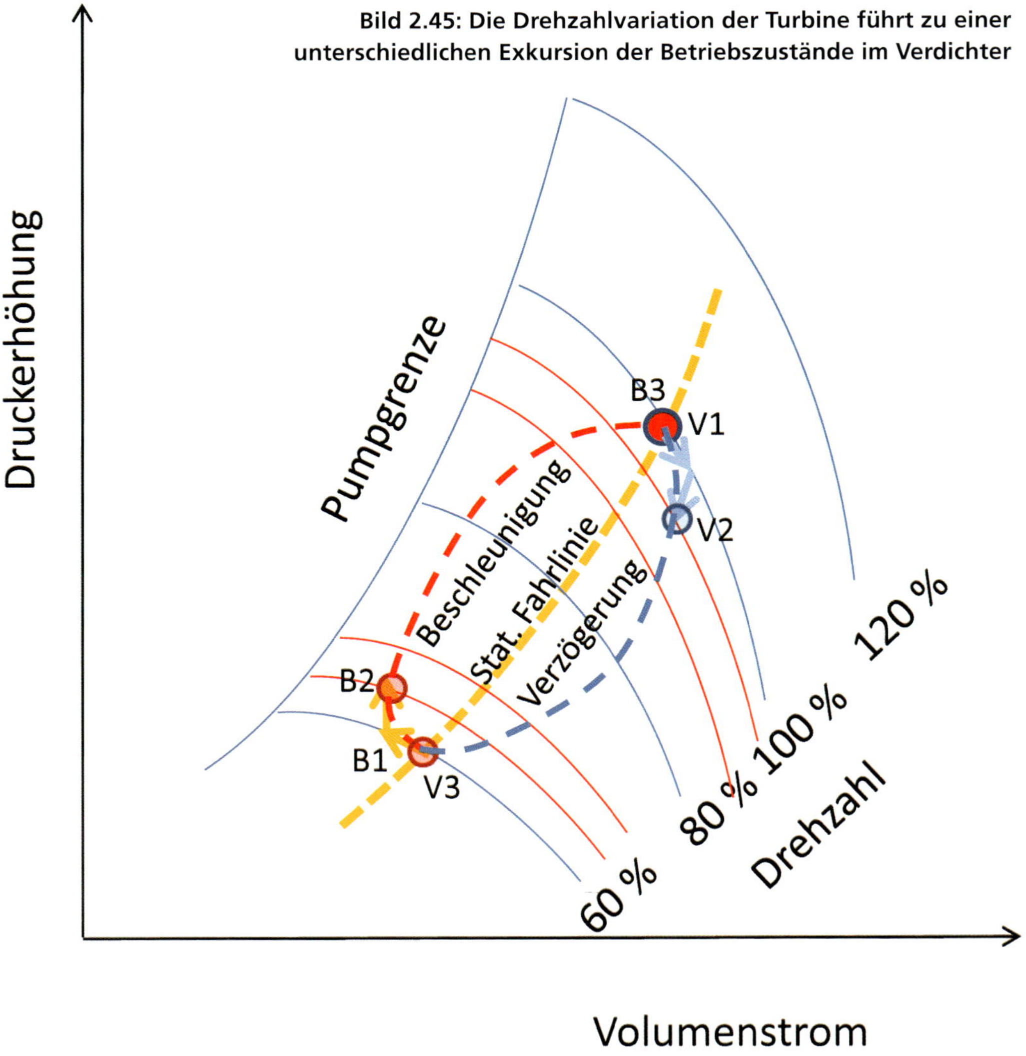

Bezieht man noch die geänderten Betriebskennwerte der Turbine mit ein, so wird deutlich, dass sich die eingangs erwähnten Abweichungen der Umgebungsbedingungen erheblich auf die Kennwerte des Triebwerks auswirken. Sind die Temperaturen in der Turbinenstufe bereits an der oberen Grenze, so gibt es im heißen Sommer kaum mehr Spielraum für eine Temperaturerhöhung, um den Leistungsverlust zu kompensieren. Dabei wirkt sich jedes Grad Umgebungstemperatur in etwa 3 °C bei der Abgastemperatur aus. Die ECU wird die Drehzahl beim Höchstwert begrenzen und die Maximaldrehzahl absenken, was einen ziemlichen Schubverlust bedeutet.

Die Auswirkungen der beiden häufigsten Parameter Temperatur und geodätische Höhe auf den Schub sind in den Diagrammen Bild 2.42 und 2.44 dargestellt. Sie sind als Korrekturfaktoren für ein Beispieltriebwerk ermittelt. Zum Gebrauch werden die Faktoren aus diesen Kurven abgelesen und bei gleichzeitig auftretenden Abweichungen der Umgebungsbedingungen miteinander multipliziert und damit der Nennschub des Triebwerks korrigiert, also multipliziert.

Im Fall von Wellenleistungsturbinen liegen die Erfahrungswerte für den Leistungsverlust bei zirka 3 % pro 10 °C und zirka ein Prozent pro 100 m Höhe. Damit ist der Leistungsverlust nur bei Extrembedingungen relevant, wie zum Beispiel Hubschrauberflügen im Gebirge, wobei die typische Temperaturabnahme diesem Effekt entgegenwirkt.

2.5 Regelungsverhalten

Die beiden Laufräder auf der Triebwerkswelle müssen unter Berücksichtigung der

DANGER
EJECTION SEAT

Lagerreibungen permanent eine ausgeglichene Drehmomentenbilanz aufweisen. Ist das nicht der Fall, ändert sich die Drehzahl der Welle. Die physikalischen Grundlagen sagen aus, dass die Summe der Momente gleich Null sein muss. Wir können also formulieren:

$$M_{Turbine} - M_{Verdichter} - M_{Lager} - M_{Beschleunigung} = 0$$

In den folgenden Betrachtungen können die Lagerreibungsverluste wegen ihrer geringen Höhe unberücksichtigt bleiben.

Auch wenn es trivial klingt: Ist die Differenz von Turbinen- und Verdichtermoment positiv, beschleunigt die Welle, ist sie negativ, bremst die Welle ab bis jeweils der Momentausgleich stattgefunden hat. Wichtiger ist es, das Betriebsverhalten der Komponenten zu verstehen, die diese Momentunterschiede auslösen.

Bisher wurden die Komponenten der Turbine nur in ihrem Auslegungspunkt betrachtet, in dem alle Strömungsgrößen dem Auslegungswert entsprechen und alle Strömungswinkel mit den optimalen Schaufelwinkeln übereinstimmen. Im Betrieb besteht aber die Forderung an die Turbine, sich den variablen Prozessbedingungen anpassen zu können, nicht nur während des Start- und Abschaltvorgangs, sondern auch dem schnellen Wechsel von Teilllast zu Volllast und umgekehrt. Solche abweichenden Betriebsbedingungen ändern nahezu alle Strömungsparameter.

Da die Turbomaschinen allgemein Volumenströme verarbeiten, sind die Einflussparameter auf das Betriebsverhalten ziemlich umfangreich. So kann ein Verdichter zum Beispiel einen Kubikmeter pro Sekunde ansaugen, wobei der Massenstrom über die Dichte des Mediums entweder 0,1 oder 100 kg/s betragen kann. Diese Eigenschaft hat nur bestimmte Formen von Diagrammen in der Praxis als sinnvoll herausgestellt.

Die Gasturbine stellt ebenfalls ein Durchflusssystem dar. Betrachtet man nur die Hauptströme ist es ziemlich einfach. Unter Einschluss aller Leckage-, Kühl- und Nebenströme kann es schon sehr kompliziert werden. Im Weiteren werden nur die Hauptströme betrachtet. Da der vom Verdichter geförderte Luftmassenstrom zusammen mit dem Brennstoff nahezu vollständig durch die Turbine gehen muss, findet hier ein komplizierter Anpassungsprozess hinsichtlich Mengen, Temperaturen und Drücken statt.

Dabei hilft ein weiterer physikalischer Grundsatz, dass in einem geschlossenen System die Summe aller Massenströme unveränderlich ist (Kontinuitätssatz). Innerhalb eines stationär arbeitenden Prozesses ist das gut nachvollziehbar, denn Masse kann nicht verschwinden. Der Druck in einem System entsteht ausschließlich durch eine zeitweise nicht ausgeglichene Massenbilanz. Gelangt beispielsweise weniger Massenstrom durch die Turbine als der Verdichter momentan fördert, steigt der Druck in der Brennkammer. Werden in einem System Massenströme eingespeichert, um zum Beispiel den Druck in einem Speicher zu erhöhen, ist der Kontinuitätssatz ebenfalls erfüllt.

Beschleunigung und Verzögerung

Während Verdichterbeschaufelungen empfindlich auf Überschreitung ihres stabilen Arbeitsbereiches reagieren, sind Turbinenbeschaufelungen deutlich weniger empfindlich. Fehlanströmungen werden besser verkraftet und antworten mit verstärktem Anwachsen der Profilverluste.

Bei vielen Selbstbauern von Gasturbinen war die Anpassung der Schluckfähigkeit der Turbinenstufe ein echtes Problem. Waren die Querschnitte zum Beispiel im Eintrittsleitrad zu klein gewählt, baute sich ein zu hoher Druck im Brennkammerbereich auf, der den Verdichter zum Pumpen brachte. Diese fundamentalen Probleme sind bei im Handel verfügbaren Turbinen bereits gelöst. Weiterhin besteht aber eine Pumpgefahr bei zu schneller Beschleunigung der Turbine.

Eine wesentliche Entwicklungsaufgabe in den vergangenen Jahren war die unangenehme Eigenschaft der Modellflug-Gasturbine, Beschleunigungsvorgänge nur mit einer gewissen Trägheit zu absolvieren. Solche transienten Vorgänge sind durch die oben genannten Vorgänge in einem Durchflusssystem geprägt.

In Bild 2.45 sind die Betriebszustände des Verdichters während der Beschleunigungs- und Abschaltphase dargestellt. Beim Gasgeben aus einer niedrigen Drehzahl heraus (B1) wird eine vermehrte Brennstoffmenge in die Brennkammer eingespritzt und die Temperatur erhöht. Wegen des noch unveränderten Schluckverhaltens der Turbinenstufe erhöht sich der Druck in der Brennkammer und demnach auch für den Verdichter. Der Verdichter reagiert mit der Verlagerung des Betriebspunkts auf seiner aktuellen Kennlinie nach links. Der Massendurchsatz im Verdichter sinkt ein wenig. Trotzdem bleibt bei der Turbinenstufe

wegen der gestiegenen Turbineneintrittstemperatur ein kleiner Leistungsüberschuss, der zu einer Drehzahlsteigerung genutzt werden kann (B2).

Dieser Vorgang läuft in der Realität nicht schrittweise, sondern kontinuierlich ab und nach einer bestimmten Verzögerung wird der gewünschte Punkt B3 erreicht. Die Form der Beschleunigungskurve signalisiert aber eine deutliche Annäherung der Verdichterbetriebspunkte an die Pumpgrenze. Man kann sich gut vorstellen, dass diese Annäherung eine Frage der Veränderungsgeschwindigkeit ist. Je schneller der Vorgang abläuft, umso mehr nähert sich der Verdichter der Pumpgrenze.

Inzwischen ist es gelungen, über die genaue Dosierung der Brennstoffmenge eine deutliche Verkürzung der Hochlaufzeit zu erreichen. Neue Fertigungsmethoden der Verdichterlaufräder und Optimierung des Massenträgheitsmoments des Rotors haben ebenfalls einen Beitrag geleistet. Neue Turbinen haben heute eine Reaktionszeit, die mit Zweitaktmotoren fast vergleichbar ist.

Die Zurücknahme des Gasknüppels bei V1 löst eine Verringerung der Brennstoffmenge aus, die einen Temperaturabfall in der Brennkammer zur Folge hat. Bei unveränderter Schluckmenge der Turbine sinken der Druck in der Brennkammer und der Enddruck des Verdichters. Sein Betriebspunkt wandert nach rechts. Nun erreicht die Temperaturabsenkung auch die Turbinenstufe, die mit einer Verringerung der Wellenleistung antwortet und die Drehzahl des Rotors absinken lässt (V2). Bei kontinuierlichem Ablauf dieses Vorgangs wird der Punkt V3 erreicht. Der Abstellvorgang ist aber ungefährlich für den Verdichter, läuft er doch auf eine Entlastung des Verdichters hinaus.

3. ECU, Kontrolle über die Turbine

3. ECU, Kontrolle über die Turbine

Eine in den Händen des Modellfliegers funktionierende und sichere Regelung für die Drehzahl ist heute fester Bestandteil jeder gekauften Turbine. Die Hersteller sind auch zusätzlich noch über die Produkthaftung dafür verantwortlich, dass für den Betreiber keine erhöhte Verletzungsgefahr eintritt. Von einfachen Drehzahlreglern für die Brennstoffpumpe kann nur abgeraten werden.

Bild 3.1: Der Betrieb der Turbine ist nur mit einer ECU erlaubt. Sie steuert Zündung, Ventile sowie Kerosinpumpe und überwacht alle sicherheitsrelevanten Daten

Die elektronische Steuereinheit (ECU) ist der Kopf der Modellturbine (Bild 3.1). Sie besitzt die Intelligenz, die alle Überwachungs- und Regelvorgänge steuert. Für diese Aufgabe verarbeitet die ECU die Steuerbefehle vom Empfänger und die Betriebsparameter von der Turbine. Über die ECU können noch weitere Zusatzfunktionen angesprochen werden wie beispielsweise Raucherzeugung, Fluggeschwindigkeitssensor und GPS-Einsatz.

Im Übrigen erfordern die Grundsätze des Bundes und der Länder für den Aufstieg von Flugmodellen gemäß dem § 16 LuftVO die Verwendung einer ECU für den Turbinenbetrieb.

Neben der ECU, die im Modell verbleibt, gibt es noch ein Anzeige- und Programmiergerät, das GSU (Ground Support Unit) genannt wird (Bild 3.2). Mit der GSU können Rückmeldungen aus dem Turbinenbetrieb (Abgastemperatur, Drehzahl, Spannung und Meldungen) abgelesen werden. Die Turbine kann mit der GSU bedient werden, ohne eine Fernsteuerung einsetzen zu müssen. Außerdem können Einstellwerte der Turbine in der ECU geändert werden.

Ein weiteres Anzeige-Instrument beispielsweise im Lieferumfang von JetCat, ist die so genannte LED-Platine (Bild 3.3). Sie dient als Verteiler des Datenbus und gibt über drei Leuchtdioden den aktuellen Zustand der Turbinensteuerung wieder.

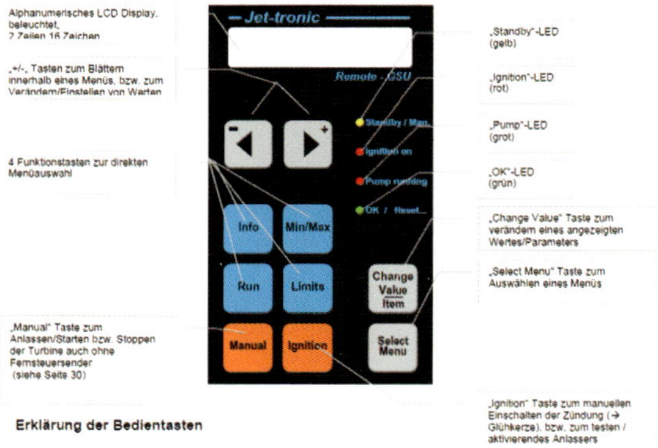

Bild 3.2: Die GSU (Ground Support Unit) hilft bei allen Einstellarbeiten und Kontrollen

Bild 3.3: Die LED-Platine signalisiert Betriebszustände und verteilt den Datenbus

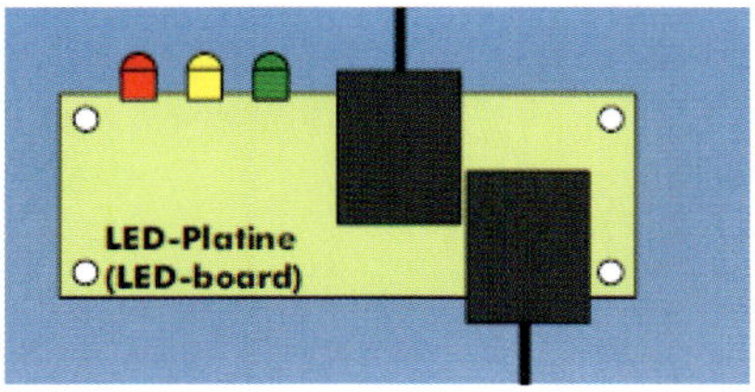

Diode	Funktion	Blinken
gelb	Startvorgang	
rot	Pumpe läuft	Kerze defekt
Grün	Übergabe an den Sender möglich	Auslaufvorgang

Für die sichere Steuerung der Turbine ist die ungestörte Signalübertragung vom Sender zum Empfänger eine grundlegende Voraussetzung. Das klingt zwar trivial, muss aber für die verschiedenen ECUs in der Praxis erprobt werden, denn in einzelnen ECUs werkeln Mikroprozessoren, die sich nur bedingt mit den Empfängern vertragen. Messungen haben ergeben, dass in ECUs Frequenzen im 35-Megahertz-Bereich erzeugt werden, allerdings mit relativ geringer Leistung.

Da Abschirmmaßnahmen bei den vielen Steckverbindungen zu Servos und Akkus nur mit einem erheblichen Aufwand gestaltet werden können, werden Mindestabstände zwischen Empfänger einschließlich Antennenzuleitung und ECU im Modell empfohlen.

Von Vorteil sind Fernsteueranlagen, bei denen Fail-Safe-Maßnahmen programmiert werden können. Sie können durch Drosseln der Turbine auf Probleme mit der Signalverarbeitung hinweisen. Sicher stellt die 2,4-Gigahertz-Technik hier einen erheblichen Fortschritt dar.

3.1 Die verschiedenen Funktionen

Die grundlegende Aufgabe der ECU ist die Brennstoffversorgung der Turbine beim Start und im Betrieb. Diese läuft in etwa synchron mit der Stellung des Gasknüppels. Während einer Laufzeit von zirka 10 min werden zum Beispiel zwischen 1,5 und 5 l Kerosin in die Brennkammer befördert.

Die ECUs werden in der Regel als individuelles Zubehör der Turbine geliefert, sodass im Rahmen dieses Buchs nur beispielhafte Erläuterungen gegeben werden können.

Steuerbefehle

Die Vorgabe der Steuersignale für die Turbine erfolgt entweder über den Empfänger der Fernsteuerung oder über die GSU, die auch gleichzeitig angeschlossen werden kann. Vom Empfänger kommen lediglich die Signale zur Vorgabe der Drehzahl der Turbine aufgrund der „Gasstellung“ des Steuerknüppels und die Signale zum Start und Abschaltung. Die Details sind in den Betriebsanleitungen angegeben.

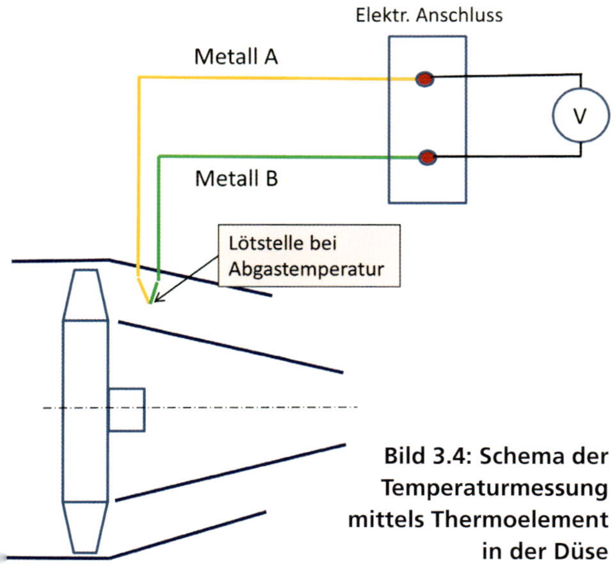

Bild 3.4: Schema der Temperaturmessung mittels Thermoelement in der Düse

Welche Vorgänge kontrolliert die ECU?

1. Turbinenstart: Spannungsversorgung für Startermotor, Pumpe und Glühkerze/ Kerosinbrenner; Öffnen und Schließen des Gas- und Kerosinventils
2. Turbinenbetrieb: Spannungsversorgung der Pumpe gemäß Gasstellung;
3. Abschaltung: Schließen des Kerosinventils, Spannungsversorgung Startermotor zur Rotorkühlung
4. Überwachung: Akkuspannung, Anzahl und Dauer von Verbindungsfehlern, Aktivierung von Failsafe-Funktionen

In allen Vorgängen werden die Abgastemperatur und die Drehzahl des Rotors in die Regelungsabläufe mit einbezogen. Um diese Funktionen erfüllen zu können, werden aus der Turbine laufend Messwerte an die ECU gegeben. Moderne ECUs tragen zu einer Beschleunigung der Laststeigerung bei, indem sie innerhalb des relevanten Betriebsbereichs die Beschleunigungswerte der Pumpe abspeichern.

Folgende Sensoren sind in den meisten Turbinen eingebaut:

Die aktuelle Drehzahl wird entweder durch einen Hall-Sensor, der magnetische Impulse aus dem Rotor empfängt, oder mittels einer Lichtschranke durch die Bohrung an der Wellenmutter ermittelt.

Die Temperaturbelastung der Turbine wird repräsentativ mit einer Messung der Abgastemperatur angezeigt. Hierzu wird das Ende eines drahtförmigen Thermoelements in die Turbinendüse eingeführt, sodass die heißen Abgase dieses gut umströmen (Bild 3.4). Thermoelemente messen eine Temperatur durch das Auftreten einer Thermospannung in einer Lötstelle von zwei Leitern unterschiedlicher Elektronendichte. Da die Temperaturdifferenz zu einer zweiten Vergleichslötstelle angezeigt wird, befindet sich diese zum Beispiel bei Umgebungstemperatur, so dass Tu + Tthermo = Tabgas ist. Eine der beiden Lötstellen befindet sich im Ende des feinen Röhrchens, das bis hinter das Turbinenrad geführt wird.

3.2 Sicherheit geht vor

Verbrennung

Im Gegensatz zum Verbrennungsmotor besitzt die Gasturbine keine im Arbeitsprinzip liegende Drehzahlbegrenzung. Da die Rotorscheiben – insbesondere der Turbinenstufe – extrem hoch belastet sind, würde eine übermäßige Brennstoffeingabe in die Brennkammer die Drehzahl der Turbine so weit ansteigen lassen, bis die Havarie eines wesentlichen Bauteils einträte. Das Durchgehen der Turbine ist ein Betriebsunfall, welcher entweder mit dem Schaufelverlust oder schlimmstenfalls mit der explosionsartigen Zerstörung des Rotors endet. Dieser Unfall kann eintreten, wenn die Pumpenspannung über den zulässigen Wert hinaus erhöht wird.

Eine weitere Fehlfunktion der Turbine liegt darin, dass die Flammen die Brennkammer verlassen und einen Feuerschweif an der Düse bilden. Ursache hierfür können eine gestörte Verdampfung des Brennstoffs oder Brennstoffansammlungen in der Turbine sein. In diesem Falle würde die Abgastemperatur über den eingestellten Grenzwert hinaus ansteigen und eine Abschaltung auslösen.

Schlägt dichter, weißer Rauch aus der Turbine, so ist dies ein Zeichen dafür, dass der Brennstoff nur ungenügend verbrannt wurde und sozusagen als Smoker dient.

Mechanik

In der Welt der Turbomaschinen regiert nicht die Drehzahl, sondern die Umfangsgeschwindigkeit. Aus diesem Grund ist es für den Fachmann nicht besonders bemerkenswert, dass manche Turbinen eine Drehzahl von 150.000 bis 200.000 U/min erreichen. Sie sind aber nicht mehr belastet als die größeren Turbinen, die mit 10.000 U/min rotieren.

$$u = \pi \cdot d \cdot n/60 \ [m/s]$$

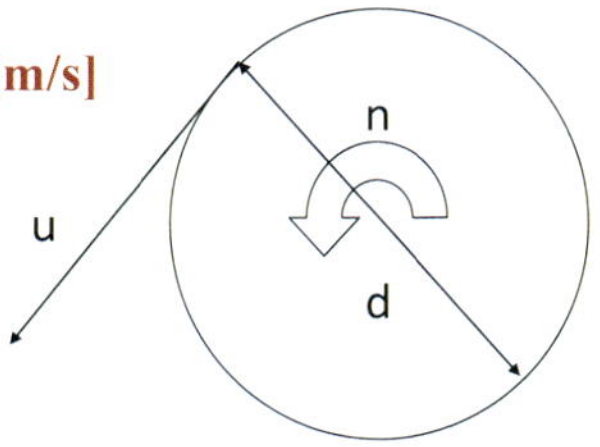

Grundsätzlich sind alle Leistungsdaten von rotierenden Schaufelkanälen eine Funktion der örtlichen Umfangsgeschwindigkeit u. Die mechanischen Belastungen von Bauteilen sind proportional zu dem Quadrat der Umfangsgeschwindigkeit. Nehmen wir als Beispiel die Zugbelastung einer Turbinenschaufel: Wird die Drehzahl um 20 % gesteigert, so nimmt die Beanspruchung um $1{,}22^2 = 1{,}44$ zu, das heißt um 44 %.

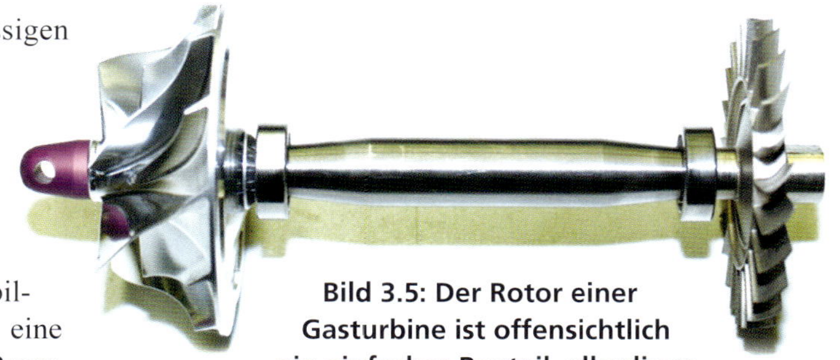

Bild 3.5: Der Rotor einer Gasturbine ist offensichtlich ein einfaches Bauteil, allerdings mit einer besonderen Neigung zu Wellenschwingungen

Welche Bauteile sind bei einer Drehzahlsteigerung gefährdet? In den meisten Fällen sind dies die Scheiben von Verdichter und Turbine, die Welle und deren Lager.

Um eine sehr effiziente Turbine zu bauen, wählt der Hersteller eine möglichst hohe Auslegungsdrehzahl, denn diese verspricht maximalen Schub bei geringen Abmessungen und Gewicht. Das heißt aber auch, dass die Sicherheitsabstände zu den Berstdrehzahlen der Scheiben geringer werden. Dies ist nichts anrüchiges, sondern Stand der Technik.

Rotordynamik

Eine weitere unangenehme Eigenschaft des Rotors einer Gasturbine (Bild 3.5) liegt in seinem Schwingungsverhalten. Jeder Rotor ist ein schwingungsfähiges Gebilde und besitzt zahlreiche Eigenfrequenzen. Sie bezeichnen eine bestimmte Schwingwilligkeit. Trifft eine irgendwie geartete Erregerkraft oder eine breitbandige Erregung auf eine Eigenfrequenz des rotierenden Rotors, so reagiert dieser mit besonders heftiger

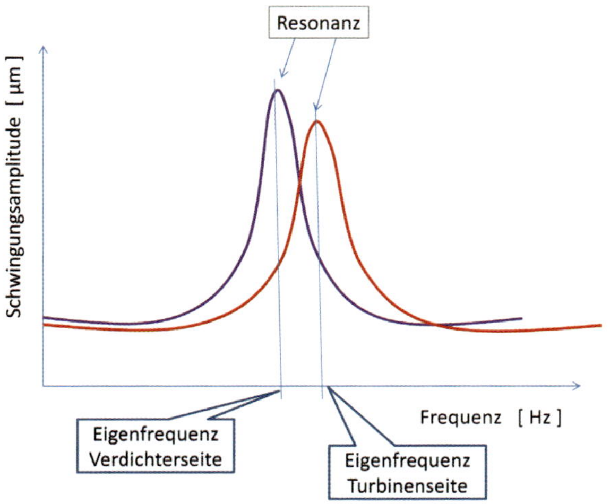

Bild 3.6: Im Falle von Resonanzen ergeben sich starke Erhöhungen von Schwingungsamplituden

Erhöhung der Schwingungsamplituden (Bild 3.6). In solchen Resonanzstellen ist die Erregerfrequenz gleich der Eigenfrequenz. Die Höhe der Schwingungsamplitude in Resonanzstellen geht theoretisch gegen Unendlich.

Unwuchten können in den Scheiben von Verdichter- oder Turbinenstufe auftreten und ihre Kraftwirkung in unterschiedlichen Abschnitten des Rotors entfalten.

Wellenschwingungen

Erregerkräfte können ihre Ursache in Unwuchten, Anstreifvorgängen und thermischen Verformungen haben. Da die Rotoren in der Regel sehr genau ausgewuchtet sind, sind auch die Amplituden im Betriebsbereich von wenigen eintausendstel Millimetern (Mikrometer). Das gesamte System enthält verschiedene Arten von Dämpfungen wie den Ölfilm in den Lagern, Luftkräfte und das Material selbst, die die Amplituden begrenzen.

Die Schwingungen der Turbinenwelle überlagern sich bei der Drehbewegung. Man muss sich vorstellen, dass die verschiedenen Schwingungsformen etwa in einer Ebene stattfinden, während sich die Welle dreht. Dabei treten unterschiedliche Schwingungsformen (Moden) auf, je nachdem ob sich der Rotor als starrer Körper verhält oder sich zu biegen beginnt. In Bild 3.7 wird zwischen starren und biegeelastischen Schwingungsformen des Rotors unterschieden. Die gezeichneten Amplituden sind stark vergrößert. Es ist Aufgabe der mechanischen Auslegung, insbesondere die kritischen Biegemoden in ihrer Frequenz so hoch zu legen, dass sie außerhalb des ausgewiesenen Drehzahlbereichs liegen. Man spricht dann von einem unterkritischen Betrieb. Durch Veränderungen der Wellengeometrie, Lagerpositionen und Gewichte der Scheiben lassen sich die Eigenfrequenzen verändern. Die mechanischen Belastungen sind in den starren Moden eher moderat, während die Biegemoden mit erheblichen Wechselbelastungen einhergehen. Sie können bei längerem Betrieb zu Schäden der Lager führen und sich dann zur Havarie ausweiten.

Schaufelschäden

Das oben erläuterte Auftreten von Resonanzen trifft auch auf die Schaufeln des Verdichter- und Turbinenrads zu. Auch diese Bauteile haben ein ausgeprägtes Muster von Eigenfrequenzen, die zu starken Erhöhungen von Schwingungsamplituden neigen, wenn sie erregt werden.

Der klassische Schadensfall im Verdichter tritt durch eine Biegeschwingung des vorderen Schaufelabschnitts ein, wie in Bild 3.8 gezeigt. Mechanische Berechnungen zeigen, dass sich der erste Biegemode der Schaufel gemäß Bild 3.8 verhält. Da Schwingungen

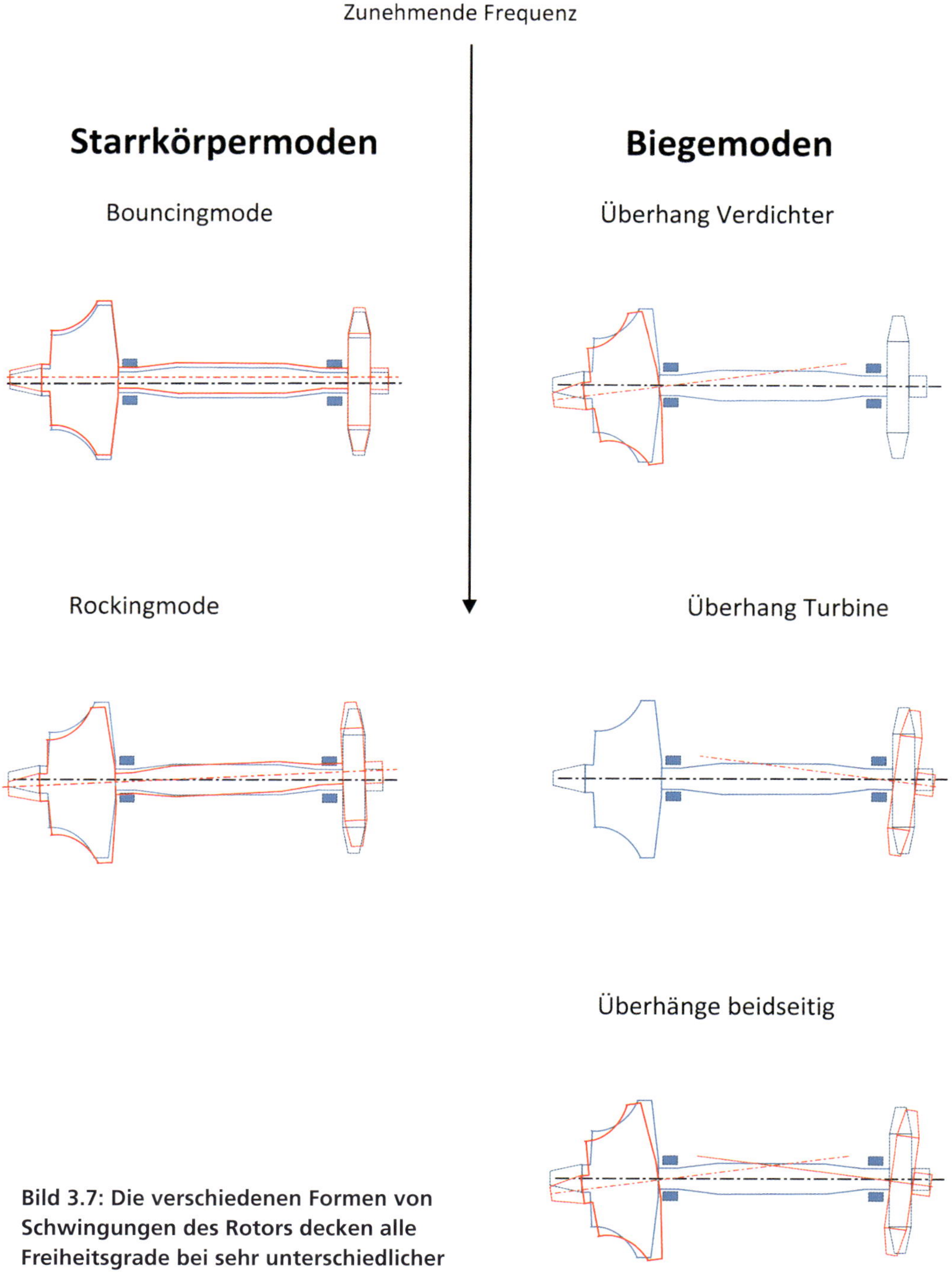

Bild 3.7: Die verschiedenen Formen von Schwingungen des Rotors decken alle Freiheitsgrade bei sehr unterschiedlicher Erregbarkeit ab

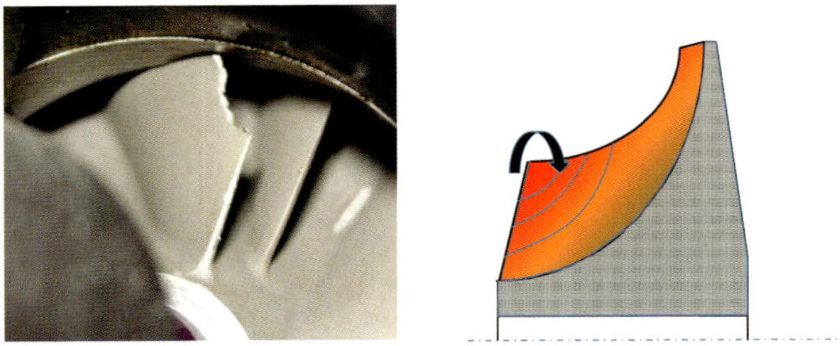

a) Realer Schaden b) Schwingungsanalyse

Bild 3.8: Schäden an Schaufeln des Verdichters lassen sich meist durch erhöhte Schwingungsbeanspruchungen erklären, die eine einfache Ursache haben

in rotierenden Bauteilen nicht verhindert werden können, muss peinlichst darauf geachtet werden, dass alle Wechselbeanspruchungen des Materials unterhalb der sogenannten Dauerfestigkeit liegen. Bereits eine kleine Kerbe, die durch einen Fremdkörpereinschlag der Schaufelvorderkante zugefügt wird, kann durch Kerbwirkung ein Vielfaches der üblichen Materialbelastung erzeugen und bei der extrem hohen Lastwechselzahl einen fortschreitenden Riss einleiten.

Lager

Kugellager haben von sich aus einen geringen Spalt und erlauben nur sehr geringe Abweichungen der Wellenposition, was die Einhaltung minimaler Spalte begünstigt. Außerdem kommen sie im Gegensatz zu den Gleitlagern, die in Turboladern eingesetzt werden, mit geringen Mengen an Schmiermitteln aus.

Die Kugellager der Modellflugturbinen haben eine eigene Entwicklungsgeschichte. Die Einsatzbedingungen der Lager liegen nämlich außerhalb der von den Herstellern abgesicherten Betriebsbereiche. Es ist den Turbinen-Selbstbauern zu verdanken, dass sich eine Firma wie GRW in Würzburg mit den besonderen Bedingungen auseinander gesetzt hat. Verwendet werden heute käfiglose Lager mit Keramik-Materialien für die Kugeln. Insbesondere wegen der geringeren Dichte der Keramik werden die extremen Fliehkräfte bei den sehr hohen Drehzahlen reduziert. In der Luftfahrt werden ebenfalls Kugeln aus Siliziumnitrid eingesetzt. Die Innen- und Außenringe sind aus hochfestem Stahl. Die Innenringe haben auf der, der Wellenmitte zugewandten Seite keine Schultern und können daher nur Axialkräfte in einer Richtung aufnehmen (Bild 3.9). Lager mit größeren Durchmessern können auch schulterlose Außenringe aufweisen, was ausschließlich Fertigungsgründe hat.

Versuche mit Kugellagern mit Käfigen sind in der Regel gescheitert, da die Fliehkraftbeanspruchungen der Käfige zu hoch waren und zerbrachen. Totalschäden waren die Folge.

Ein wesentliches Problem bei hohen Drehzahlen ist das Gleiten der Kugeln, das heißt die Rollbewegung geht über in ein Rutschen über die Gleitflächen des Innen- und Außenrings. Dieser Effekt ist vergleichbar mit dem

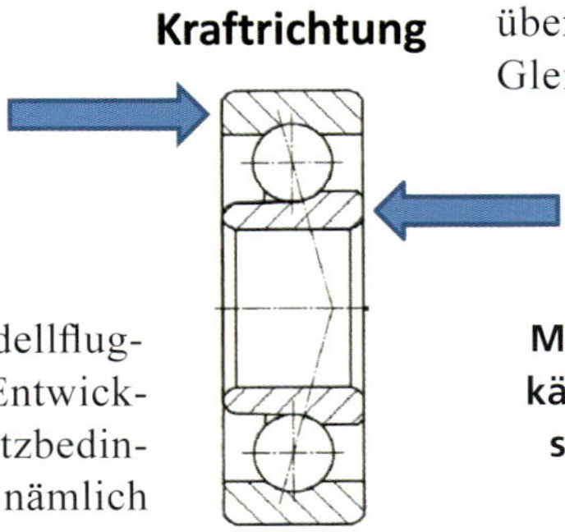

Bild 3.9: Die Kugellager der Modellflugturbinen sind meist käfiglos und haben wegen der schulterlosen Bauart nur eine axiale Belastungsrichtung

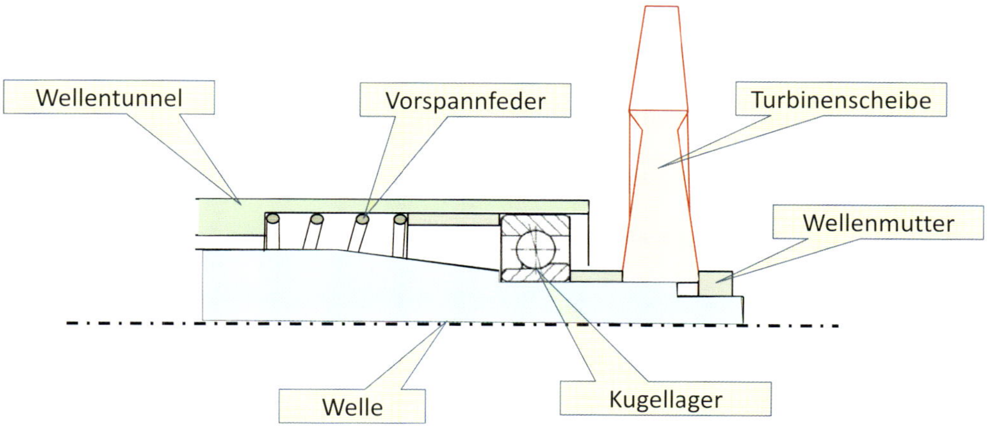

Bild 3.10: Die turbinenseitige Wellenlagerung kompensiert thermische Dehnungsunterschiede mit der Ausführung als Loslager mit Vorspanneinrichtung

Aquaplaning beim Automobil. Dabei wird der dünne Ölfilm stellenweise aufgerissen, und es kommt zum verschleißfördernden Kontakt mit den Metallflächen. Aus diesem Grund müssen die Kugellager mit einer ausreichenden Vorspannung betrieben werden. Diese wird durch eine Kombination von Festlager und Loslager in axialer Richtung erreicht, wobei sich das Loslager auf der heißen Seite befindet. Mit einer Vorspannfeder wird zum Beispiel der Außenring des Loslagers in Richtung Turbinenscheibe gedrückt. Thermische Dehnungen und der Axialschub nach vorn werden auf diese Weise aufgefangen (Bild 3.10). Mit dem Festlager auf der kalten Seite kann der Spalt zwischen Verdichterschaufeln und Abdeckung minimal eingestellt werden, was für den Wirkungsgrad besonders wichtig ist.

Außerdem muss der Wärmehaushalt durch verbesserte Kühl- und Schmiermedien angepasst werden. Heute hat sich die Brennstoffschmierung durchgesetzt, bei der zirka 5 % Öl zugesetzt wird. Nur ein kleiner Teil des Brennstoffs wird durch die Lager geleitet und versorgt diese mit Öl. Wegen der hohen Betriebstemperaturen über 150 °C muss beim Schmiermittel unbedingt auf thermische Stabilität geachtet werden. Obwohl Kerosin und Diesel ebenfalls als Schmiermittel fungieren, übernehmen die Brennstoffe vor allem die Kühlung der Lager, insbesondere im Zuge der Verdampfung. Der Transport des Brennstoffs durch die vorgesehenen Kanäle wird durch die Druckunterschiede innerhalb der Turbine bewirkt und funktioniert problemlos.

Die Lebensdauer von Wälzlagern ist begrenzt, weshalb Wartungsintervalle im Bereich von 50 Betriebsstunden empfohlen werden. Weicht der Betrieb von den idealen Bedingungen ab, wird die Lebensdauer drastisch verkürzt. Die wesentlichen Ursachen für Versagen sind:

- Überbelastung aus Fehlausrichtung, Unwucht oder Rotorinstabilität
- ungenügende Schmierung oder Kühlung
- Verschmutzung
- falscher Einbau
- Stromdurchgang (bei Metallkugeln)

4. Sichere Brennstoffversorgung

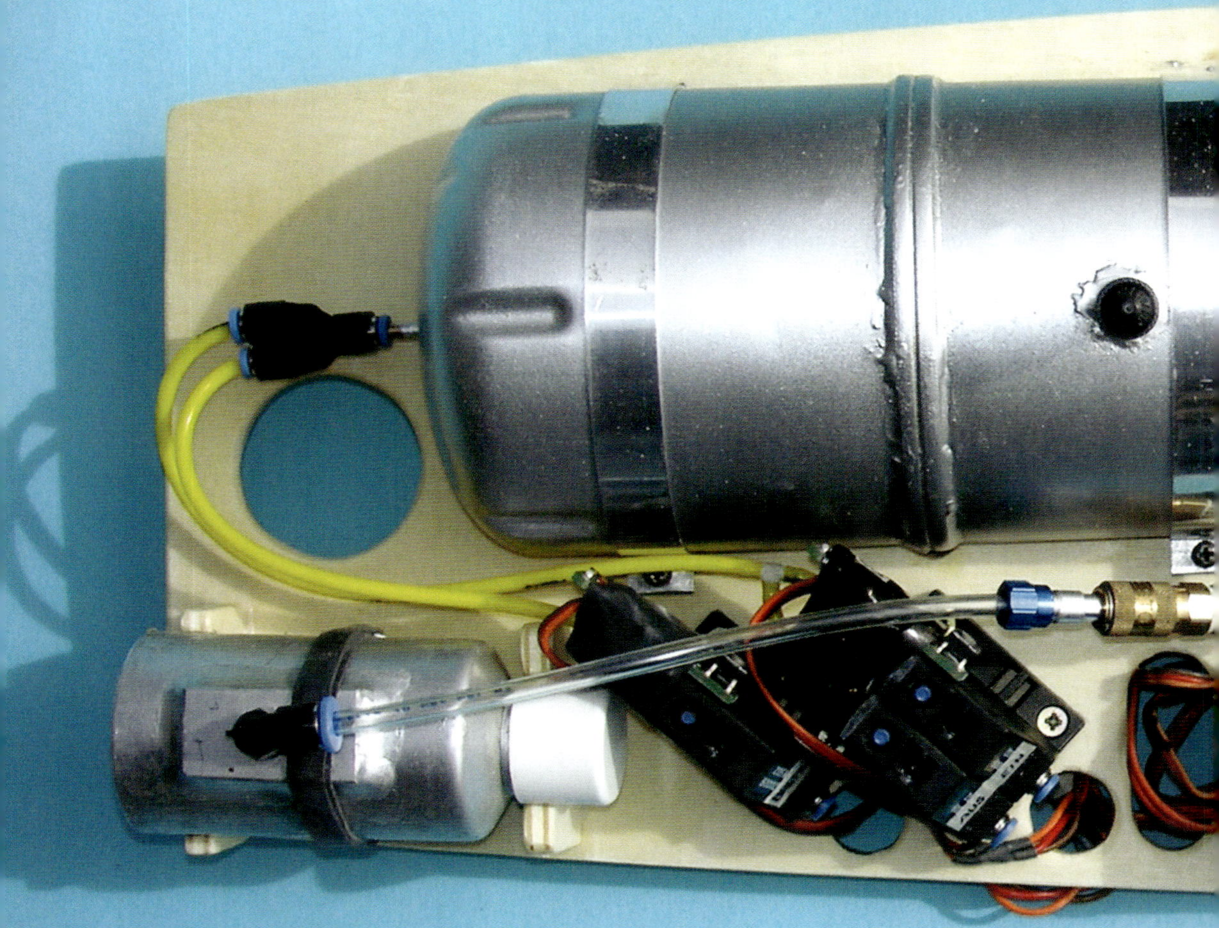

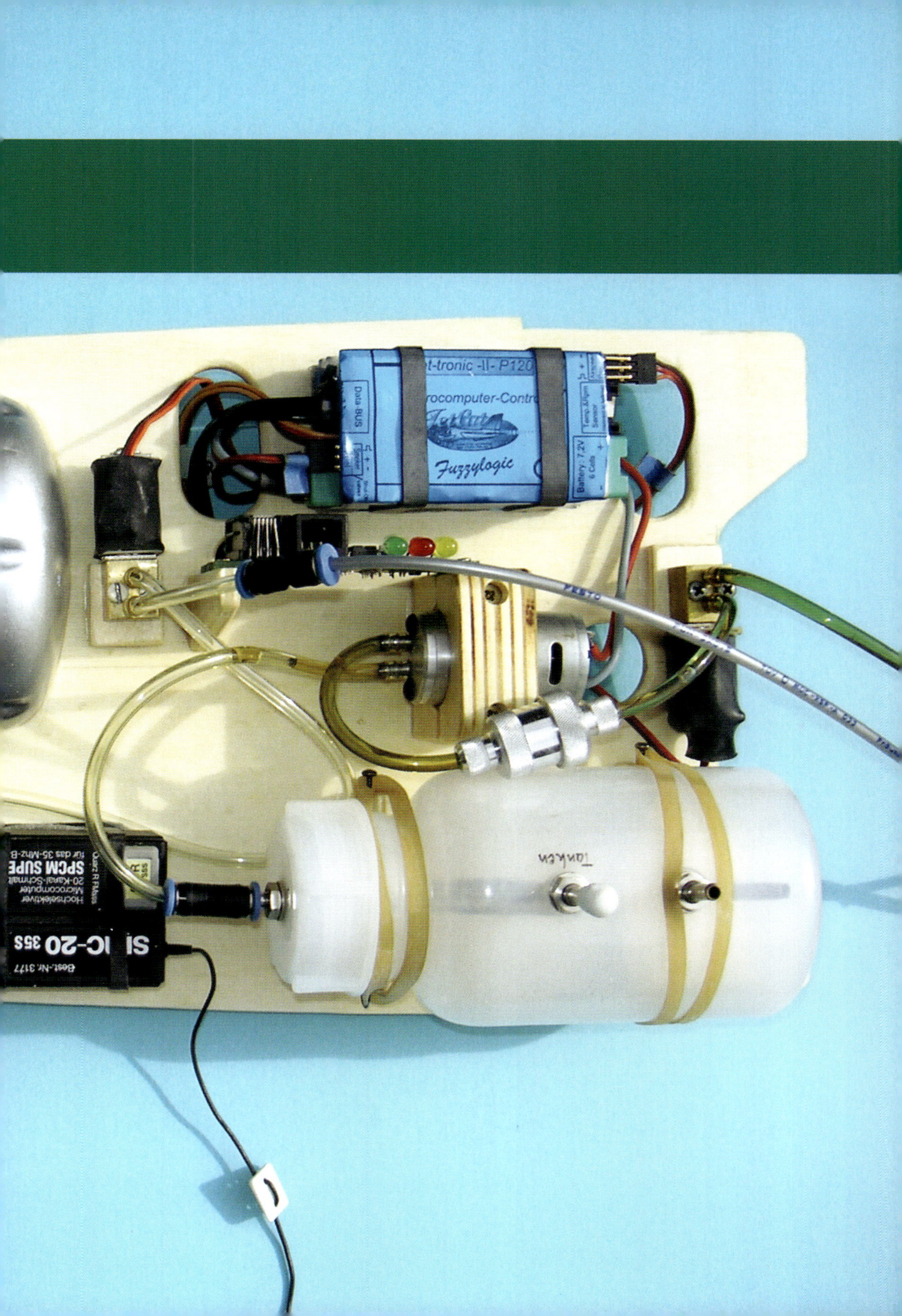
Data-BUS
Fuzzylogic
Battery: 7,2V
6 Cells
Tanken

4. Sichere Brennstoffversorgung

Wegen des geringen thermischen Wirkungsgrads einer Modellflugturbine ist der Brennstoffverbrauch entsprechend hoch.

Der Brennstoff für eine Gasturbine kann flüssig oder gasförmig sein. Die Art des Brennstoffs ist prinzipiell ohne Belang, sofern die Brennkammer dafür geeignet ist. Es kommt allein auf den Heizwert an. Im Falle der Modellflugturbine sind die Verhältnisse aber komplizierter, da die Stabilität der Verbrennung durch viele sensible Parameter bestimmt wird.

Bei vielen Turbinen können alternative Brennstoffe, wie Dieselöl oder Reinigungsbenzin, verwendet werden. Der im Kapitel Brennkammer beschriebene Vorgang der Brennstoffverdampfung wird bei unterschiedlichen Stoffen nicht ebenbürtig funktionieren. Neben dem Geruch von Diesel kann es aber auch zu vermehrten Ablagerungen in der Turbine kommen. Hier hilft der Blick in die Betriebsanleitungen.

Im Modellflug hat sich der Einsatz von Kerosin Jet A1 am besten bewährt. Wegen des großen Siedebereichs lässt sich Kerosin gut verdampfen und führt zu einer hohen Flammenstabilität. Eine zuverlässige Versorgung der Turbine mit Kerosin im fliegenden Modell ist aufwändig und steckt voller Tücken. Hier hilft die Erfahrung mit Propellermodellen wenig, denn es handelt sich hier um ein Pumpensystem mit ausgeprägten Besonderheiten im Unter- und Überdruckbereich. Ziel eines sicheren Turbinenlaufs ist die strikte Vermeidung von Luftblasen, Schaum oder Fremdstoffen (zum Beispiel Wasser) in der Turbinenzuleitung.

Auch das Kerosin selbst hat einige unangenehme Eigenschaften. Durch Verunreinigungen und Feuchtigkeit kann es zu einem Wachstum von Mikroben kommen. Sie können sich an allen möglichen Stellen ablagern und sind auch die Ursache für ein Zusetzen von Filtern. Da es kein Lösungsmittel für diese Ablagerungen gibt, helfen nur der Austausch oder mechanische Reinigung. Es empfiehlt sich deshalb, Kerosin nicht über längere Zeit zu lagern und nur Mengen zu bevorraten, die in einer Saison verbraucht werden können.

Alle Anschlüsse müssen auf Dichtigkeit geprüft werden, wobei insbesondere auf Festo-Anschlüsse im Unterdruckbereich geachtet werden muss, da diese eigentlich nur für Überdruck ausgelegt sind. Auch der Filter ist kritisch und gehört auf die Druckseite der Pumpe.

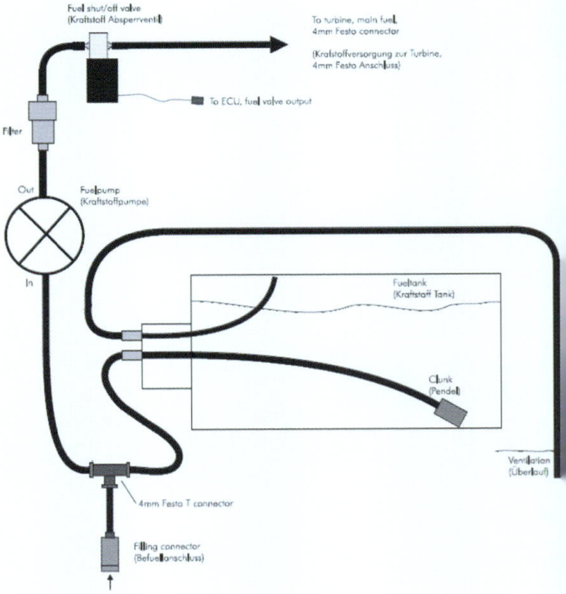

Bild 4.1: Verbindungsschema für Turbinen mit Gasstart

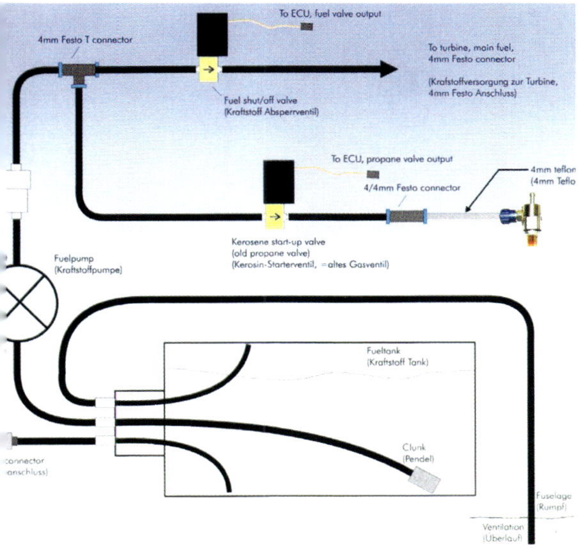

Bild 4.2: Verbindungsschema für Turbinen mit Kerosinstart

4.1 Verschiedene Schemata

Die Brennstoffversorgung unterliegt den Vorgaben des Turbinenherstellers und den Platzverhältnissen im Modell. Dazu kommen individuelle Besonderheiten wie zum Beispiel Zugänglichkeit des Tanksystems und die Verwendung eines Hoppertanks.

Die Verwendung eines externen Befüllungsanschlusses, der sich mit Festo-Elementen leicht realisieren lässt, zeigt das Schema in Bild 4.1. Bei dieser Anordnung muss ganz besonders auf den dichten Abschluss der Befüllungsleitung geachtet werden, da diese in der Versorgungsleitung liegt und einen deutlichen Unterdruck aufweist. Zieht dieser Anschluss Luft, ist mit einem Flameout zu rechnen. Dem Schema ist auch zu entnehmen, dass der Filter senkrecht angeordnet ist, was sich in der Praxis bewährt hat. Horizontale Filter mit vergrößerten Querschnitten können Luftblasen speichern, die während der Flugmanöver in den Brennstoffstrom gelangen können und ebenfalls zu Abstellern führen.

Bild 4.2 wurde um die Kerosinstartleitung erweitert und zeigt einen üblichen Befüllungsanschluss, der weniger Leckage-Empfindlichkeit mit sich bringt. Eine Zusatzversorgung für den Gasstart ist in Bild 4.3 dargestellt.

4.2 Tanks und Hoppertanks

Wie bringt man 2 bis 5 l Kerosin im Modell unter? Meist reicht der Platz nur für mehrere getrennte Behälter in der Nähe des Schwerpunkts. Müssen mehrere Tanks untergebracht werden, ist die Fragen zu klären, in welcher Reihenfolge sie entleert werden sollen und wie der Schwerpunkt beeinflusst wird.

Die Tanks können in Reihen- oder Parallelschaltung verschlaucht werden, wobei die Reihenschaltung (Bild 4.4) trotz der sich addierenden Druckverluste vorgezogen werden sollte. Die Pumpe gleicht solche Hemmnisse leicht aus.

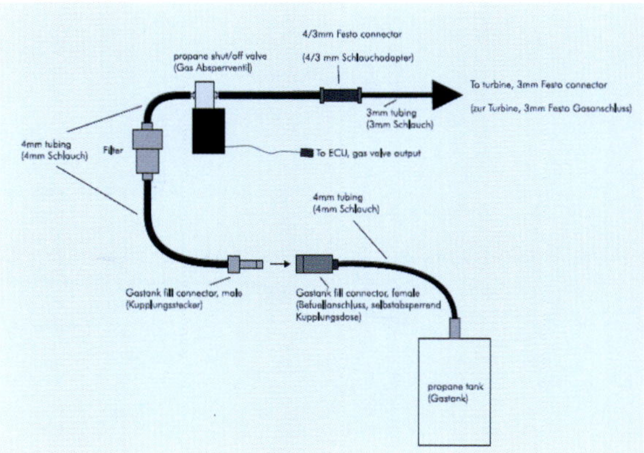

Bild 4.3: Verbindungsschema für die Gasversorgung

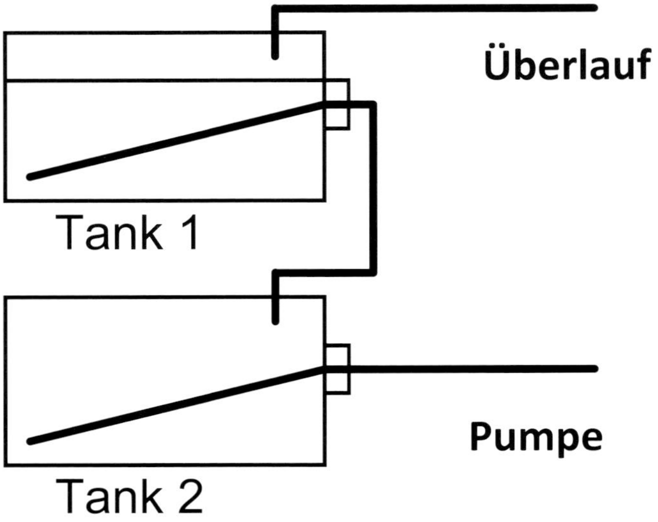

Bild 4.4: Tanks in Reihenschaltung

In beiden Fällen sollte auf größere Schlauchquerschnitte geachtet werden. Bei der Parallelschaltung (Bild 4.5) müssen bis zur Zusammenführung alle Längen und Querschnitte gleich sein, sonst gibt es keine gleichmäßige Entleerung der Tanks. Die Parallelschaltung wurde aus diesen Gründen vermehrt bei Vergasermotoren angewendet.

Für einen sicheren Betrieb der Gasturbine muss generell ein Eindringen von Luft in die Brennstoffzufuhr verhindert werden, denn im Filter oder der Pumpe kann unter Umständen Schaum entstehen, der den Brennstoffdurchfluss hemmt.

Eine weitverbreitete Einrichtung für die blasenfreie Versorgung der Turbine in allen Fluglagen ist der zusätzliche Hoppertank (Bild 4.6). Da dieser so aufgebaut ist, dass er stets voll ist und das Austrittrohr genau in der Mitte platziert ist, kann theoretisch keine Luft angesaugt werden. Doch auch hier muss darauf geachtet werden, dass der Einlauf so angeordnet ist, dass eingespeiste Luftblasen nicht doch mitgenommen werden. Über den Einsatz von so genannten Hoppertanks gehen die Meinungen ziemlich auseinander. Die einen schwören auf einen einfachen Tank, andere auf den Hoppertank. Im Falle von aufwändigen Tanksystemen

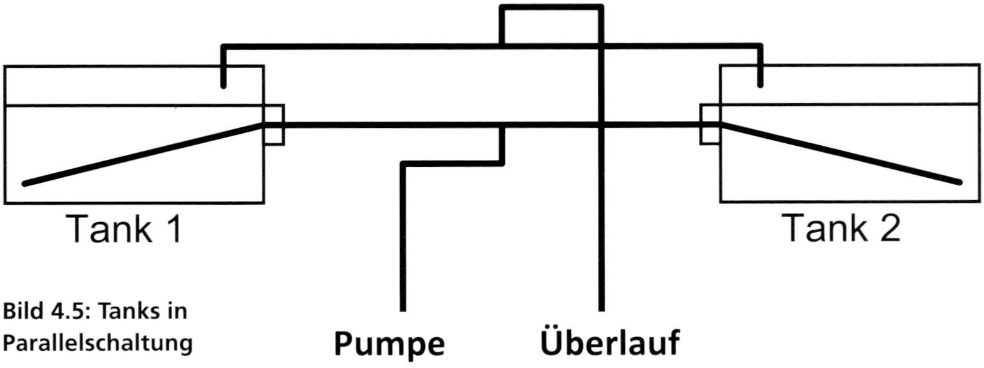

Bild 4.5: Tanks in Parallelschaltung

hat der Hoppertank (zirka 300 Kubikzentimeter (cm^3)) Vorteile. Außerdem gibt er Auskunft über die Dichtigkeit des Tanksystems: Solange sich keine Luft im Hoppertank ansammelt, ist das System dicht.

Bild 4.6: Tankausführung als Hoppertank

Statische Aufladungen

Ein ziemlich wenig erforschtes Kapitel sind statische Aufladungen, die sich auch während der Betankungsvorgänge im Kerosin abspielen sollen. Es wurde von Entladungen in den Schläuchen berichtet. Dem Autor liegen keine diesbezüglichen Erfahrungen vor. Dennoch gibt es Piloten, die ihren Kerosinvorrat mit einem speziellen Antistatik-Additiv versehen.

Ein ganz anderes Kapitel sind die statischen Aufladungen durch Ladungstrennung während des Flugs oder am Boden. Kunststoffoberflächen können sich bei hohen Fluggeschwindigkeiten mit erheblichen Spannungen aufladen und die Mikroprozessoren der ECU beeinträchtigen. Aus diesem Grunde wird in einigen Betriebsanleitungen ein Abstand von zirka 10 bis 20 mm zwischen der ECU und der Außenwand des Modells gefordert. Unter widrigen Umständen kann es auch zu einer Ladungstrennung im Moment des Abhebens des Modells von der Piste kommen, die die ECU irritieren kann. Hier helfen dann nur Versuche mit unterschiedlichen Reifenmaterialien. Eine ähnliche Situation kann durch den Start von Modellen auf einer Startrampe entstehen.

5. Turbinenstart

6

5. Turbinenstart

Starten wie die Großen, das war schon immer der Wunsch der Modellturbinenbauer. Verbrennungsmaschinen durchlaufen einen Startvorgang, um die Kraftentfaltung in Gang zu setzen. Wie beim Starten eines KFZ-Motors muss auch die Turbinenwelle in Rotation versetzt werden. Die Beschleunigung des Rotors beim Start kann auf verschiedene Arten erfolgen. In der Luftfahrt werden unterschiedliche Systeme eingesetzt wie elektrische Motoren, Hilfsgasturbinen, Luft- oder Gasexpander und Hydraulikantriebe.

Bild 5.1: Der Elektrostarter hat sich bei den meisten Modellflugturbinen durchgesetzt, wie hier bei JetCat

5.1 Motorstarter

Im Modellflug hat sich der E-Motor als Starter durchgesetzt (Bild 5.1). Mit Hilfe einer im Betrieb vorrückenden Mitnehmer-Nabe des Anlassmotors wird der Turbinenrotor mitgenommen und bei Abschaltung wieder freigegeben, um die auftretenden, hohen Rotordrehzahlen bis zu 200.000 U/min vom Anlassmotor fernzuhalten. Von der ECU gesteuert kann so der Turbinenstart automatisch erfolgen. Alle notwendigen Steuerungsvorgänge werden programmgemäß ausgeführt.

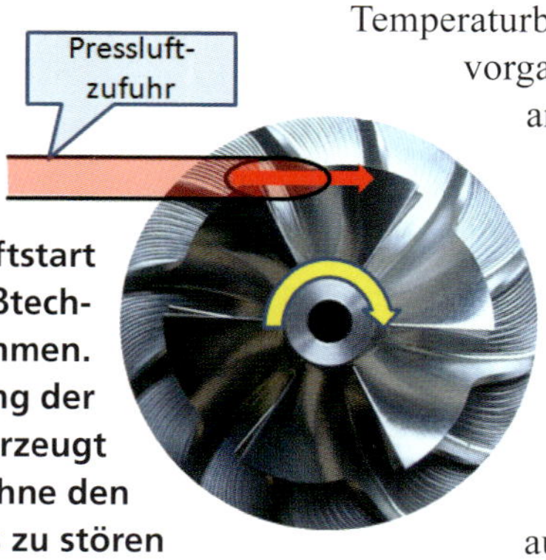

Bild 5.2: Der Pressluftstart wurde aus der Großtechnologie übernommen. Die Schräganblasung der Verdichterschaufeln erzeugt ein Drehmoment, ohne den Verdichtungsprozess zu stören

5.2 Luftstarter

Obwohl das Anlassen einer Turbine mit Pressluft oder als moderate Variante mit einem Gebläse ziemlich aus der Mode gekommen ist, soll zumindest das Prinzip kurz erläutert werden. Die Turbinen führen bei dieser Startmethode einen Gasstart durch. Vorteil dieser Methode ist die geringere Temperaturbelastung während des Startvorgangs, da mit Luftüberschuss gearbeitet wird.

Pressluft

Von dem Hersteller AMT wurde der Pressluftstart lange Zeit propagiert. Auch gab es Turbinen, die mit beiden Startmöglichkeiten, dem Motor- und Pressluftstart, ausgestattet waren.

Bild 5.3: Zur Zündung des Gases wird eine übliche Glühkerze verwendet, deren Platinwendel herausgezogen wurde

Um den Rotor anzutreiben wird in der vorderen Laufradabdeckung mit einer Schrägbohrung tangential gegen die Schaufeln geblasen (Bild 5.2).

Da die Pressluft aus einer Taucherflasche entnommen wurde, war der Aufwand vergleichsweise hoch. Auch wenn die ECU die Startsequenz automatisch organisierte, ist der Pressluftstart inzwischen nur noch wenig verbreitet.

Gebläse

Zumindest bei kleinen Turbinen und bei selbstgebauten Triebwerken wird im Wesentlichen zur Gewichtseinsparung der Start mit dem umgebauten Föhn gepflegt. Es handelt sich hierbei um ein manuelles Verfahren. Durch Anblasen des Verdichterrads wird eine Drehzahl von etwa 4.000 bis 6.000 U/min erreicht. Da die Strömungsrichtung der Anblasluft gleich der im Verdichterbetrieb ist, stimmt die Drehrichtung des Verdichterrads. Gleichzeitig wird die Zündung mittels Glühkerze eingeschaltet. Der Hochlaufvorgang bietet ebenfalls die Gewähr, dass der Brennraum gut belüftet wird und sich keine Ansammlung von Gas bildet. Ist eine genügend hohe Drehzahl erreicht, wird die Gaszufuhr langsam geöffnet. Nach Zündung des Gases (was unter Umständen erst durch Unterbrechung der Anblasung erfolgt) kann die Glühkerze abgeschaltet und bei zirka 300 °C Abgastemperatur die Kerosinpumpe langsam in Betrieb genommen werden. Hat das Kerosin gezündet, wird das Gas abgeschaltet. Wird die Drehzahl von etwa 30.000 U/min erreicht, kann das Gebläse abgeschaltet werden.

5.3 Startvorgänge

Beim Anlassen der Gasturbine wird die Welle in verschiedenen Schritten bis zu einer Drehzahl hochgefahren, bei der die Gasturbine nach dem Abschalten des Starters die Drehzahl selbst hält (Selbsthaltedrehzahl). Sie befindet sich dann bei stabilem Verbrennungsprozess auf minimaler Laststufe und minimaler Drehzahl. Um diesen Zustand zu erreichen, werden zwei verschiedene Wege beschritten:

5.3.1 Gasstart

Obwohl die Zukunft des Gassystems wegen der Weiterentwicklung des Kerosinstarts begrenzt sein wird, gibt es noch viele Modellflieger, die diesem recht einfachen System treu bleiben. Die Mischung von Gas und Luft zu einem zündfähigen Gemisch macht wenig Probleme, da Propangas in ei-

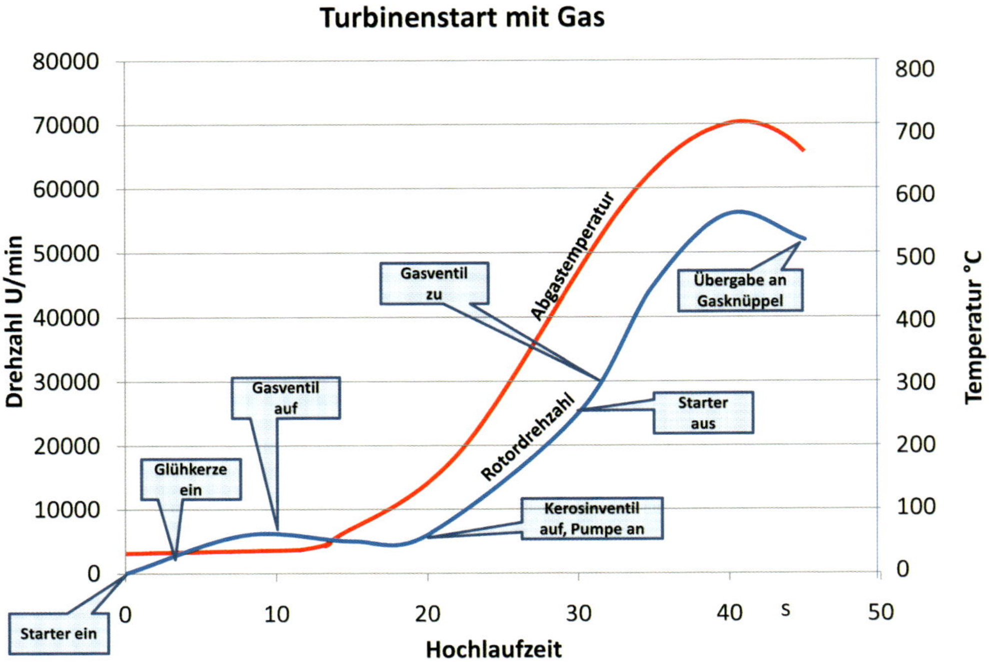

Bild 5.4: Der Gasstart einer Turbine als Funktion der Drehzahl und der Abgastemperatur über der Zeit

nem weiten Bereich von 2,1 bis 9,5 Volumenprozenten gezündet werden kann. Man benötigt nur einige Einspritzöffnungen, damit sich das unter Druck stehende Gas verteilt und von der Glühkerze (Bild 5.3) entzündet wird.

Die primäre Erwärmung der Brennkammer erleichtert die anschließende Phase der Kerosinverbrennung erheblich. In einem Übergangsbereich des Startvorgangs werden beide Brennstoffe gleichzeitig in die Brennkammer gegeben, wobei die Menge des Kerosins stetig gesteigert wird, um den Beschleunigungsvorgang des Turbinenrotors fortzusetzen. Bei einer bestimmten Drehzahl wird die Gasversorgung über das Gasventil abgeschaltet. Im Fall einer externen Gasversorgung kann nun die Verbindung gelöst werden. Der weitere Hochlaufvorgang vollzieht sich ausschließlich mit Kerosin. Alle weiteren Lastzustände werden ausschließlich durch die Menge des Brennstoffs eingestellt.

Die Handhabung von Flüssiggas birgt Gefahren, insbesondere wenn Leckagen auftreten, die nicht entdeckt werden. Es können sich wegen des höheren spezifischen Gewichts von Propangas leicht explosive Gas-Luft-Gemische in Senken bilden. Solche Nester bilden sich nicht nur in der Turbine selbst, sondern auch in bestimmten Rumpfabschnitten.

Das Versorgungssystem für Gas ist grundsätzlich darauf aufgebaut, dass nur gasförmiges Medium den Gastank zur Turbine verlässt. Dazu muss der Tank groß genug sein und darf nicht ganz gefüllt werden. Außerdem wird ein Gasfilter empfohlen, obwohl er nicht allein dazu benötigt wird, Verschmutzungen zu verhindern. Es soll auch verhindern, dass Eispartikel in das Nadelventil gelangen und dieses blockieren. Insbesondere im Winter sollte man den Gastank erst kurz vor dem Start auffüllen, um eine zu starke Abkühlung zu verhindern.

Die Vorteile des Gasstarts liegen in der Schnelligkeit des Hochlaufvorgangs und dem deutlich geringeren Stromverbrauch.

In Bild 5.4 sind die prinzipiellen Verläufe der Drehzahl und der Abgastemperatur während eines Gasstarts dargestellt. Der Startvorgang wird durch das Einschalten des Anlassmotors begonnen. Dieser dreht den Rotor bis zirka 6.000 U/min hoch, wobei die Glühkerze zugeschaltet wird. Dann wird der Motor heruntergefahren, um während des Auslaufs des Rotors die Bedingungen für die Zündung zu erzeugen. Das Gasventil wird getaktet geöffnet. Insbesondere diese erste Phase belegt, wie moderat die Drehzahlanpassung ausgelegt sein muss, um den Zündpunkt für das Gas-Luft-Gemisch zu

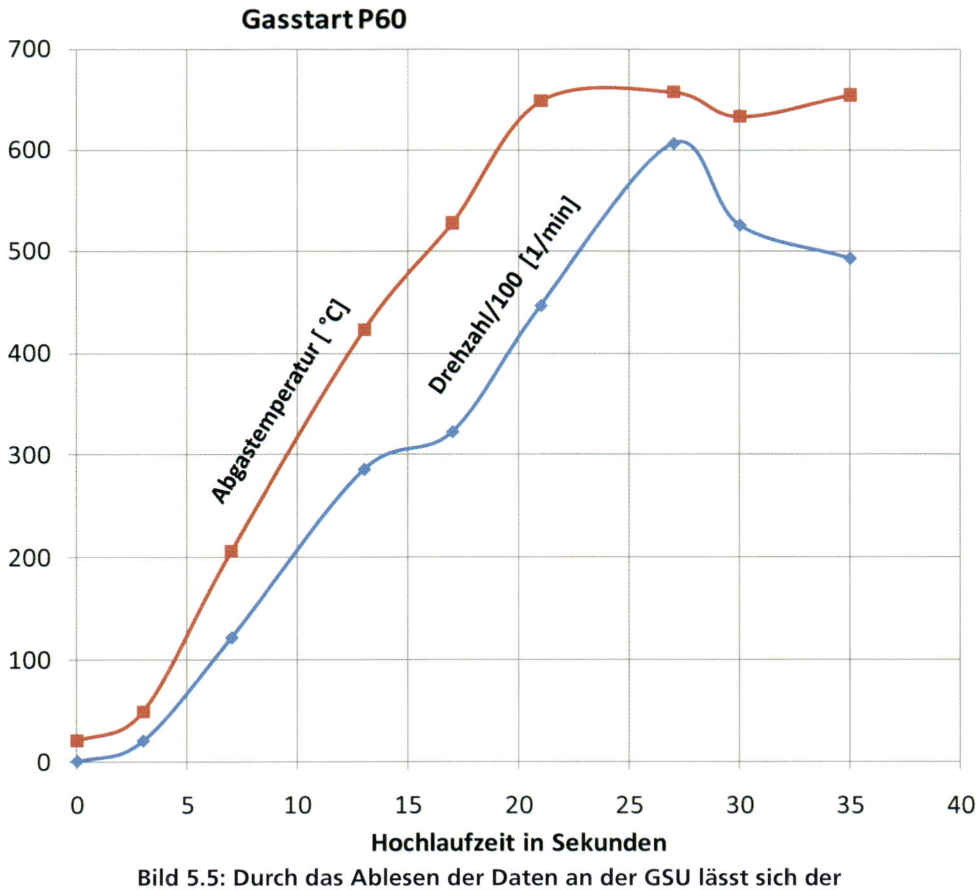

Bild 5.5: Durch das Ablesen der Daten an der GSU lässt sich der individuelle Verlauf der Hochlaufkurven einer P 60 ermitteln

Bild 5.6: Der Kerosinzünder wird anstelle der Glühkerze in das Gehäuse geschraubt. Bei neuen Turbinengenerationen verschwindet er im Gehäuse

treffen. Dieser Bereich liegt bei Rotordrehzahlen von 4.000 bis 6.000 U/min. Die ECU verfolgt nun aufgrund der Temperatursteigerung, ob es zur Zündung gekommen ist.

Solange der ECU über die Messung der Abgastemperatur angezeigt wird, dass noch keine Zündung erfolgt ist, wird der Antriebsmotor weiter heruntergefahren, um die Luftströmung in der Brennkammer zu verringern. Setzt dann die Zündung ein, beschleunigt der Motor den Turbinenrotor weiter auf zirka 5.000 U/min. Zeigt sich während des Auslaufs bis zirka 500 U/min keine Zündung, wird der Startvorgang wiederholt.

Im Bereich von 200-300 °C läuft die Kerosinpumpe mit geringer Leistung an und fördert das Kerosin über die Einspritzröhrchen in die vorgeheizte Brennkammer, wo es verdampft und mit der Luft ein zündfähiges Gemisch bildet. Die Abgastemperatur steigt weiter in den Bereich von zirka 500 °C und zeigt an, dass der Verbrennungsprozess inzwischen so viel Leistung in der Turbine erzeugt, um den Verdichter anzutreiben. Wird dabei der Drehzahlbereich von 25.000 bis 30.000 U/min erreicht, ist ein selbständiger Betrieb sicher, und der Anlassmotor kann abgeschaltet werden. Etwas später kann auch das Gas abgeschaltet werden, da der Verbrennungsprozess nun auf Kerosin stabil abläuft.

Zur richtigen Durchwärmung der Turbine wird eine Drehzahlüberhöhung durchlaufen, und der Hochlaufvorgang wird auf der Drehzahl von 50.000 U/min stabilisiert. Die ECU übergibt die laufende Turbine an den Sender.

In Bild 5.5 sind die Messwerte einer P60-Turbine aufgezeichnet. Die geringen Massenträgheiten des Rotors verkürzen die Startphase. Deutlich ist das Abschalten der Gaszufuhr bei zirka 30.000 U/min zu erkennen.

Auf eine Besonderheit im Falle von Wellenleistungsturbinen soll hingewiesen werden. Obwohl sich der Turbinenhochlauf ähnlich organisiert wie bei den Strahlantrieben, wird aber eine Drehzahlüberhöhung am Ende des Startvorgangs vermieden, um eine Rotor- oder Propellerbeschleunigung zu vermeiden.

5.3.2 Kerosinstart

Mit der Technik aus Standheizungen wurden Kerosinstart-Systeme entwickelt, mit denen nun auf die Gassysteme verzichtet werden kann. Ein Keramik-Heizelement mit separatem Kerosinanschluss (Bild 5.6) wird nun anstelle der bisherigen Glühkerze eingeschraubt und zum Start mit Heizstrom und einer kleinen Menge Kerosin über das Startventil versorgt. Das Kerosin verdampft entlang des Glühstabs und entzündet sich. Der Anschlussschlauch ist in Teflon auszuführen, da der Brenner ziemlich heiß wird. Neue Turbinen verfügen über ein integriertes Kerosinstartsystem.

Der Startvorgang mit Kerosin ist zwar weniger spektakulär als mit Gas – aber durchaus zuverlässig. Zu beachten ist, dass deutlich mehr elektrische Energie benötigt wird und die Akkukapazität entsprechend erhöht werden muss. Der Kerosinstart macht den Turbinenbetrieb sicherer und reduziert die Gefahr eines Brands. Weil das Gas als Zündhilfe wegfällt, ist der Hochlaufvorgang der Turbine ausschließlich mit Kerosin eine technische Herausforderung. Wie oben bereits beschrieben, ist eine ausreichende Durchmischung von Luft und Brennstoff über Einspritzdüsen im Modellflug nicht realisierbar. Bevor Kerosin in die Brennkammer eingebracht werden kann, muss diese mit dem Brenner aufgeheizt werden. Nur so kann der Verdampfungsvorgang in Gang gesetzt werden. Allerdings nur an der einseitigen Position des Kerosin-

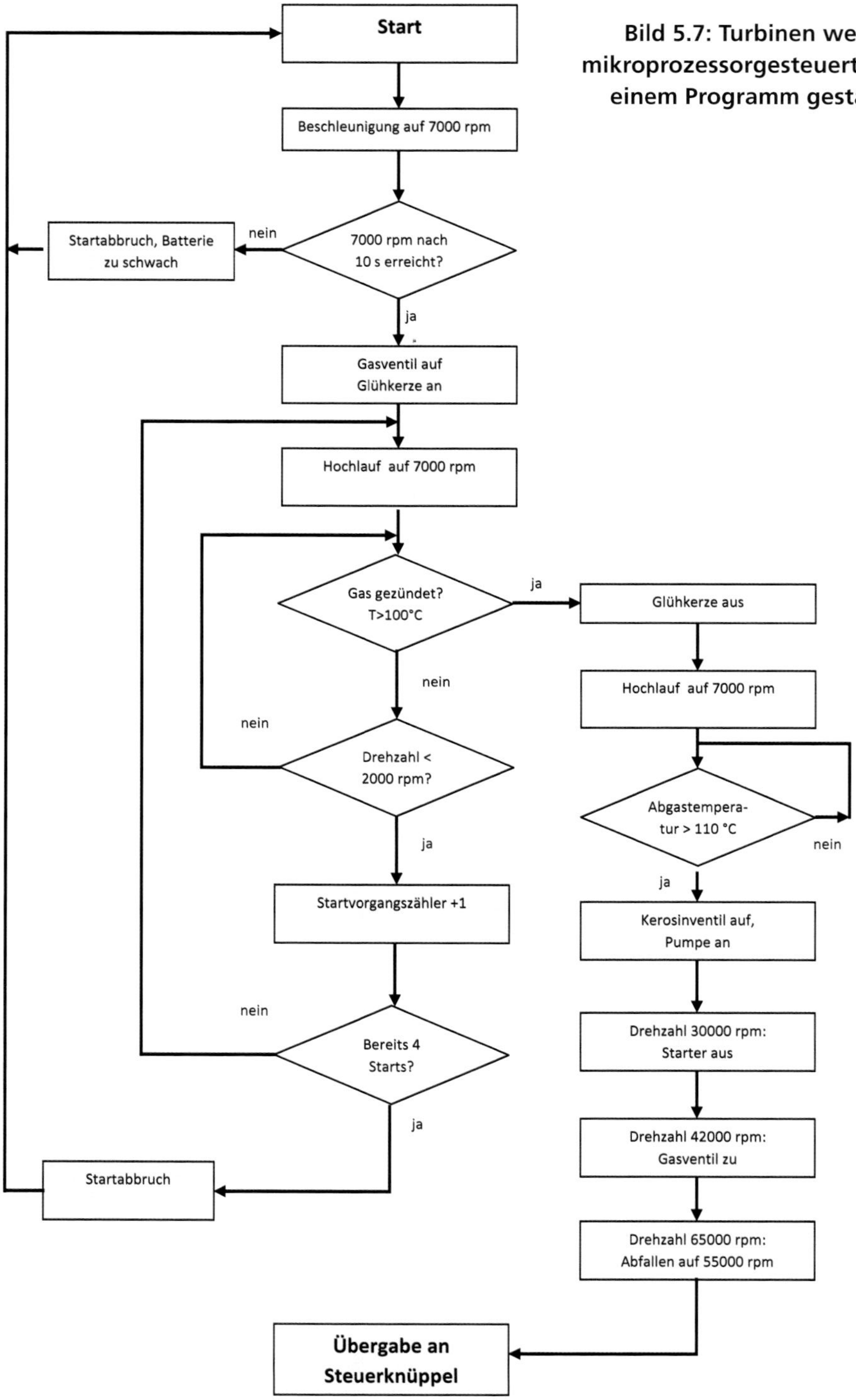

Bild 5.7: Turbinen werden mikroprozessorgesteuert von einem Programm gestartet

starters. Das birgt die Gefahr, dass sich aus den nicht erwärmten Brennstoffleitungen unverdampftes Kerosin im Gehäuse ansammelt und später zu Flammenbildung führt. Es muss daher für eine Zündung die richtige Menge an Brennstoff eingebracht werden. Ist die Menge zu klein, verlischt die Flamme. Ist sie zu groß, dann besteht die Gefahr, dass sich unverbrannter Brennstoff ansammelt. Hinzu kommt die Abhängigkeit des Verbrennungsvorgangs von der aktuellen Brennkammergeometrie, bei der bereits die Fertigungstoleranzen zu individuellen Startmengen führen. Ausschlaggebend für die Steuerung des Startvorgangs durch die ECU und die Drehzahl der Pumpe ist der gemessene Anstieg der Temperatur über der Zeit.

An dieser Stelle hat sich in der Praxis ein Problem eingestellt. Zu Beginn der Startphase muss der Pumpenmotor sehr zuverlässig wenige Umdrehungen pro Minute leisten. Bei neuen Steuerungen wird der Pumpenmotor daher getaktet betrieben, um das mögliche „Hängenbleiben" des Motors bei analoger Ansteuerung zu vermeiden. Da die Steuerungsvorgänge der ECU beim Kerosinstart ziemlich individuell von den Herstellern gestaltet werden, wurde auf ein separates Hochlaufdiagramm verzichtet.

Das Abstellen der Turbine erfolgt durch Absperrung der Brennstoffzufuhr und Abschalten der Pumpe. Kurze Zeit später beginnt der Anlassmotor mit dem Kühlbetrieb, der ein zeitweises Hochfahren des Rotors beinhaltet. Dieser Kühlbetreib verhindert einen Wärmefluss von den heißen Bauteilen in während des Betriebs gekühlte Baugruppen wie beispielsweise die Lager. Hat der vom drehenden Rotor erzeugte Luftstrom an der Abgastemperatur-Messstelle 100 °C erreicht, ist der Abkühlvorgang beendet. Einige ECUs erlauben die Speicherung der Daten aus einem Testlauf, die in die Regler-Software einfließen. So wird eine individuelle Optimierung des Triebwerks erreicht.

ECU-Logik für den Turbinenstart
Die Steuerung der Turbine wird mit Hilfe von Mikroprozessoren in Form eines Programms gestaltet, das aus einer Abfolge von Handlungsanweisungen besteht. Für den interessierten Leser dient das in Bild 5.7 dargestellte generelle Ablaufdiagramm zum weiteren Verständnis der ECU-Steuerung.

6. Turbineneinbau

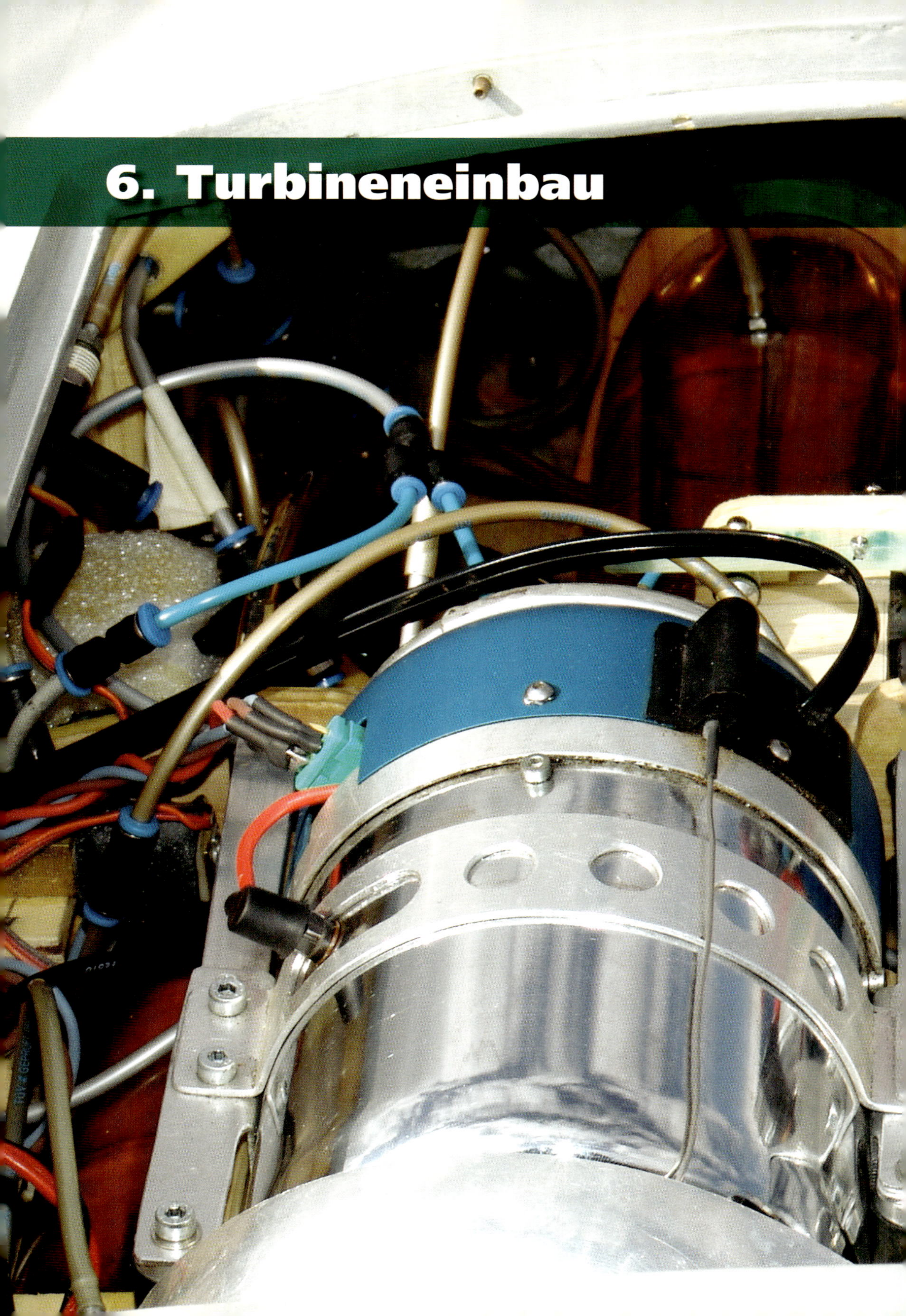

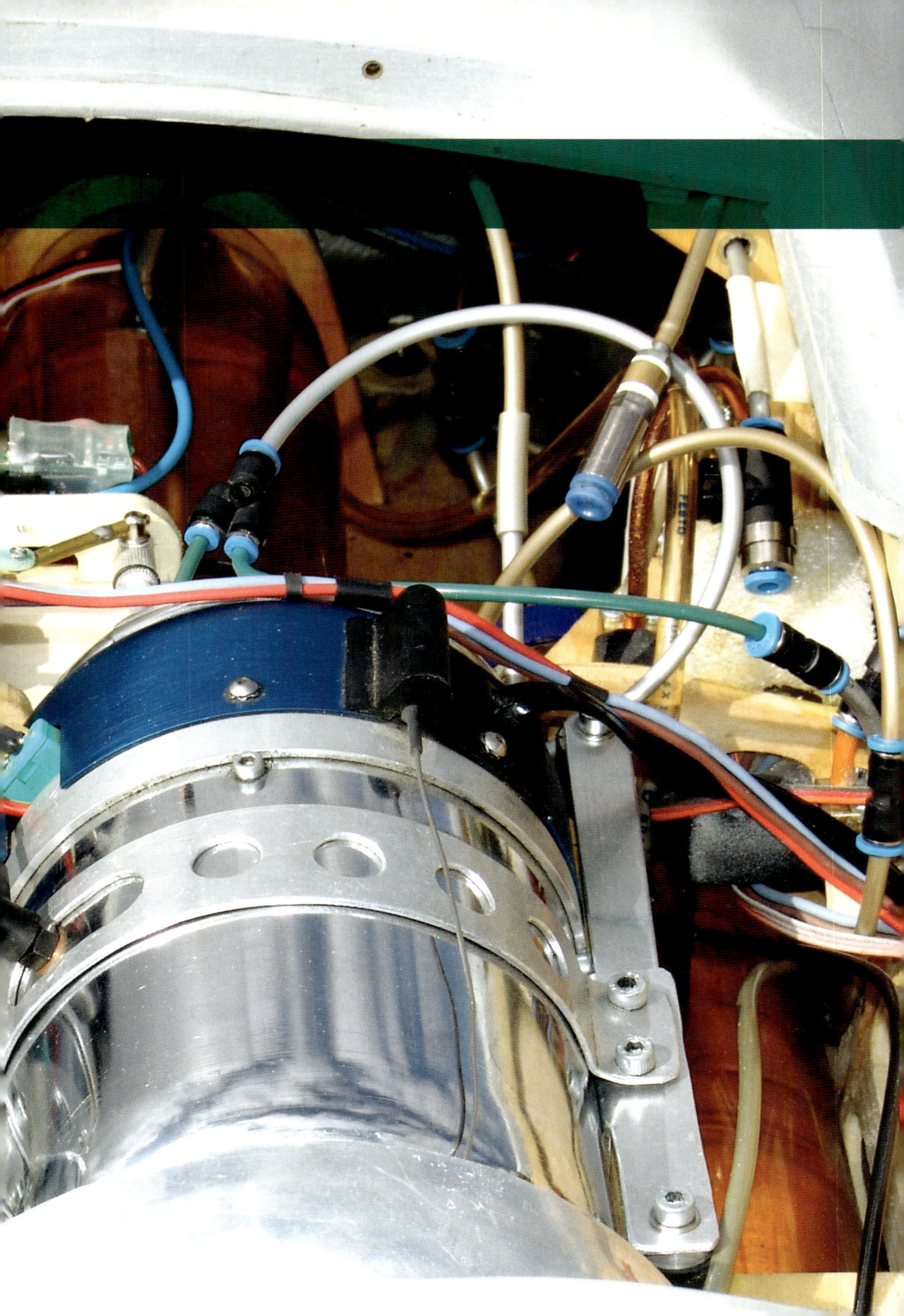

6. Turbineneinbau

6.1 Unterbringung der Systeme

Beim Einbau der Turbine inklusive Tank und Steuerung in den Rumpf wird schnell klar, dass deren Anordnung sehr gut überlegt werden muss. Die meisten Komponenten bedürfen einer laufenden Wartung und müssen gut erreichbar sein. Zusätzlich gibt es gewisse Empfindlichkeiten. Die ECU samt ihrer Batterie und Verkabelung sollte beispielsweise möglichst weit entfernt von der Empfangsanlage untergebracht werden. Bei der Vielzahl von Komponenten ist die gute Verteilung oft ein echtes Problem, dem man sich wirklich intensiv widmen muss (Bild 6.1).

Die meisten Jetpiloten verwenden beim Betrieb im 35-Megahertz-Band Stabantennen, die mit der im Rumpf verlegten Zuleitung ein „L“ bilden und offensichtlich in allen Lagen den besten Empfang haben. Dieses Problem hat sich mit dem Einsatz von 2,4-Gigahertz-Empfängern erledigt. Aber auch bei diesen muss der Anordnung der Antennen oder der Satelliten besondere Beachtung geschenkt werden. Ein Reichweitentest bei stehender und laufender Turbine ist obligatorisch. Ergeben sich hier deutliche Reduzierungen der Reichweite, sind weitere Untersuchungen angesagt, um die Störgrößen (ECU, Verkabelung, Antennenverlegung und dergleichen) zu identifizieren. Wegen der hohen Anzahl von Servos unter Last ist eine Doppelstromversorgung sinnvoll. Außerdem

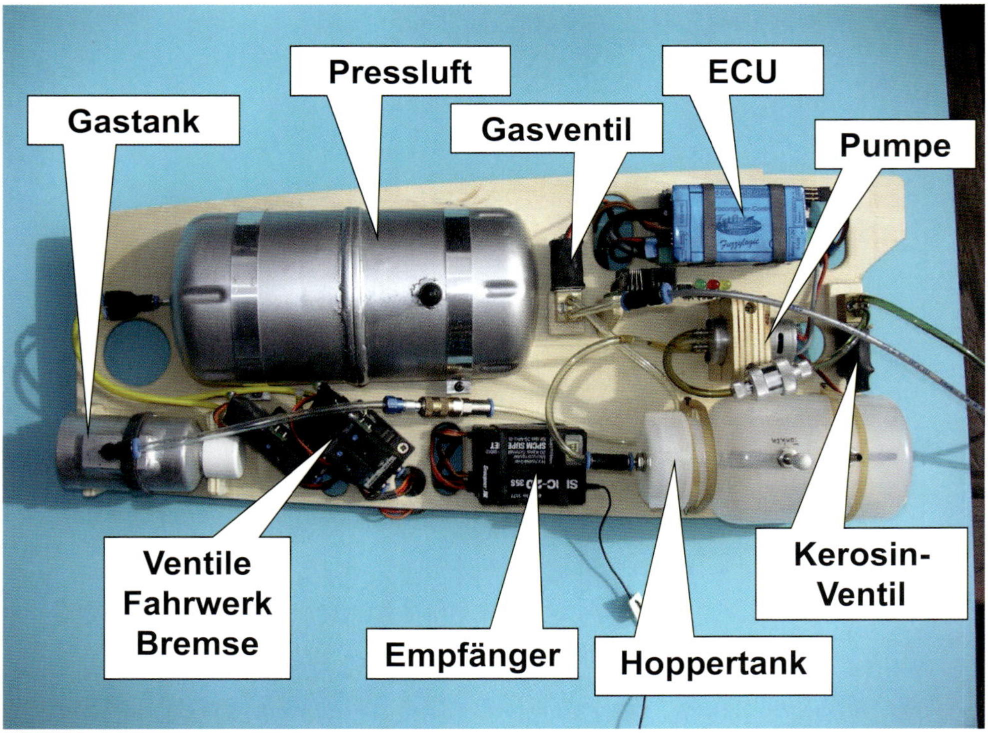

Bild 6.1: Im Turbinen-Modell sind zahlreiche Komponenten unterzubringen

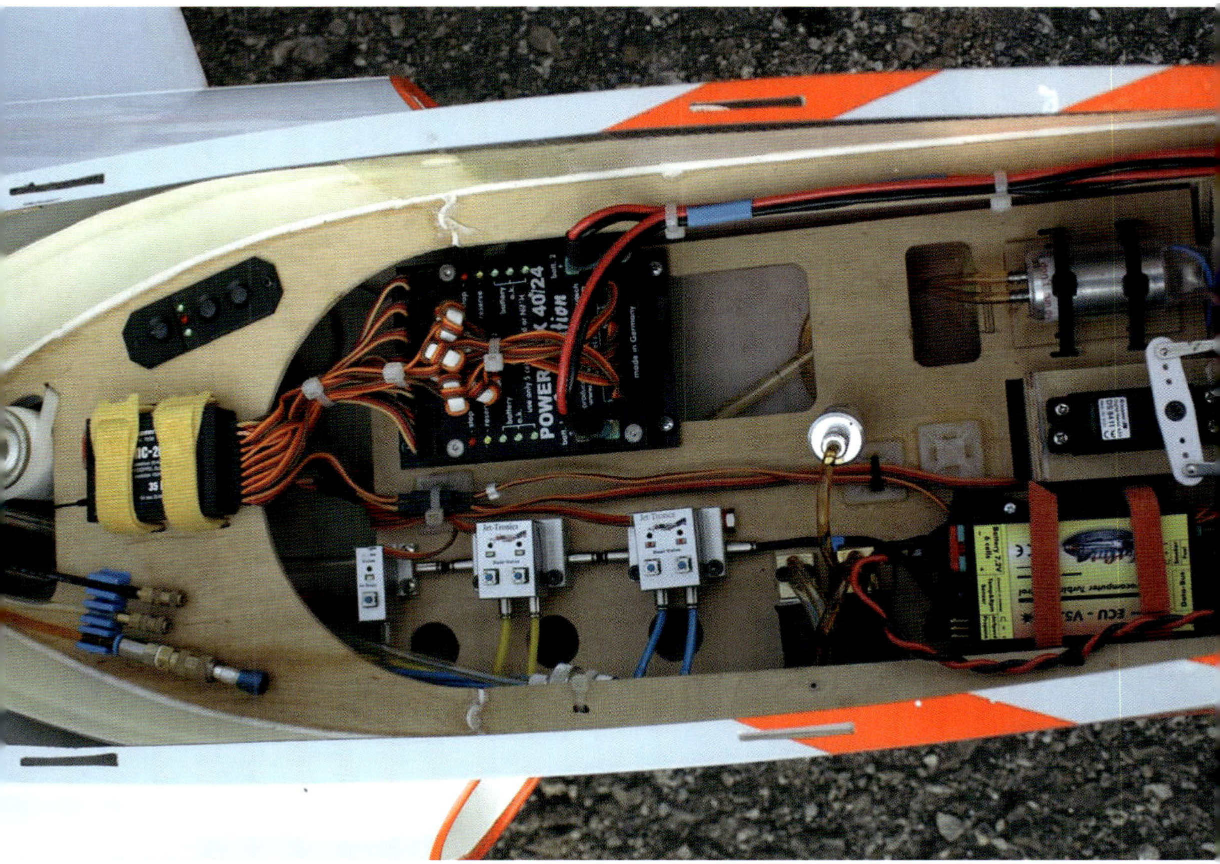

Bild 6.2: PowerBox-Systeme helfen bei Jet-Modellen, die zahlreichen Servos zu bedienen und eine konstante Versorgungsspannung bereitzustellen

kommt es schnell zu einer Überbelegung der Kanäle. Dann sollte man sich zu einer Entkoppelung der Stromversorgung der Servos vom Empfänger entschließen oder eine der zahlreichen PowerBoxen (Bild 6.2) einsetzen.

Ein weiteres Problem kann die Stromversorgung der Empfangsanlage darstellen. Durch den Einsatz zahlreicher Servos mit Digitaltechnik und hohen Stellkräften kommt es zu kurzzeitigen, aber extrem hohen Strömen, die einen Spannungseinbruch verursachen können. Unter Umständen sinkt die Spannung unter das zulässige Limit, sodass der Empfänger außer Betrieb geht. Ist die Spannung wieder über dem Limit, beginnt der Empfänger mit dem Einschaltvorgang, der bei 2,4 Gigahertz durchaus eine längere Zeit benötigt, in der das Modell nicht steuerbar ist.

6.2 Einläufe

Zu den Turbinenkomponenten kommt noch die Gestaltung der Luftversorgung innerhalb des Rumpfs. Wozu komplizierte Einläufe herstellen, wenn man das Triebwerk auch

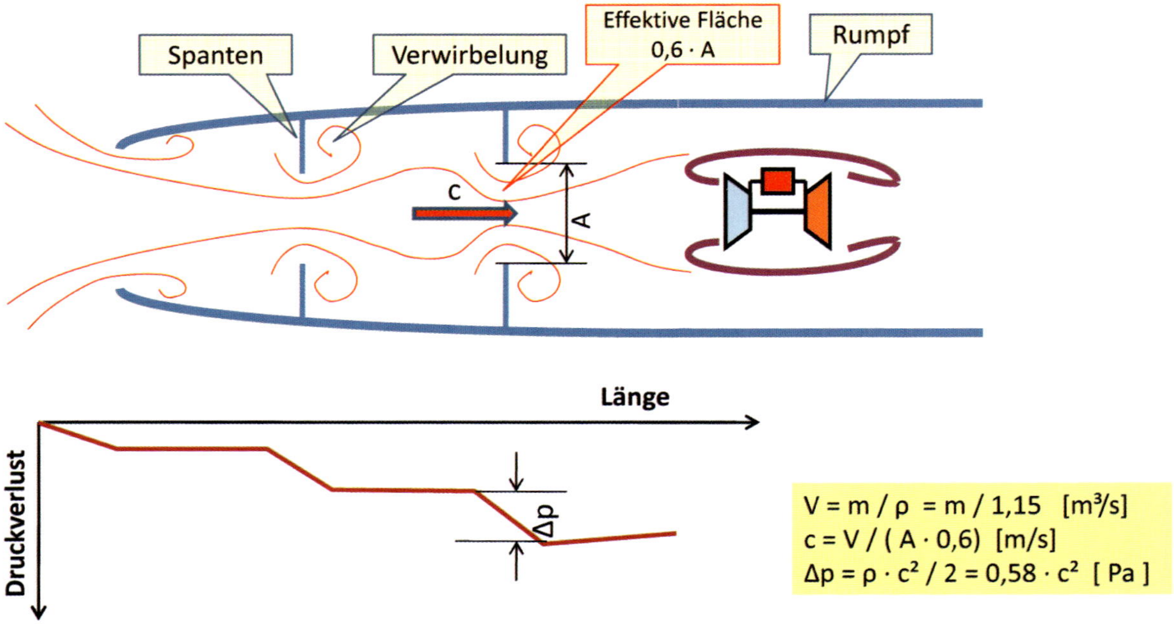

Bild 6.3: Die schädliche Wirkung von aneinandergereihten Hohlräumen kann die Einlaufverluste einer Turbine deutlich vergrößern

einfach in den Rumpf bauen kann? Viele simple Lösungen haben sich bei Turbinen offensichtlich bewährt, obwohl die Erfahrungen aus der Zeit der Impeller etwas anderes erwarten ließen. Auch die Entwickler von heutigen Elektro-Impellermodellen geben sich größte Mühe, die Luft innerhalb des Modells sauber zu führen. Doch zum Glück ist die Turbine kein Impeller. Schaut man sich die Druckdifferenzen an, die entweder ein Impeller oder ein radialer Verdichter aufbauen, wird einiges klarer. Während der Impeller eine Druckdifferenz von zirka 0,01 bar (entsprechend 100 mm Wassersäule) aufbaut, schafft es der Verdichter locker auf 1,0 bis 2,0 bar. Also 100 bis 200 Mal so viel. Damit haben Druckverluste im Einlauf eines Turbinenmodells einen wesentlich geringeren Einfluss auf den Schub als beim Impeller.

Es gibt aber dennoch manchmal Probleme mit den Triebwerkseinläufen. Diese sind nicht einmal durch eine abenteuerliche Strömungsführung durch irgendwelche Rumpföffnungen und Anlageneinbauten zu suchen. Ein kapitaler Fehler ist es, den Strömungsweg so zu organisieren, dass nacheinander geschaltete Hohlräume (Bild 6.3) entstehen. Dabei addieren sich die Druckverluste und können erhebliche Werte erreichen. Solche Konfigurationen entstehen, wenn sich die Ansaugluft durch die Löcher in den Rumpfspanten quälen muss. Vor jeder Engstelle bildet sich eine Strömung in einer Senke aus. Sie ist dadurch gekennzeichnet, dass der freie Strömungsquerschnitt uneffektiv genutzt wird und nur etwa 60 % der geometrischen Fläche als Durchtrittsfläche zur Verfügung steht. Die sich daraus ergebende Strömungs-

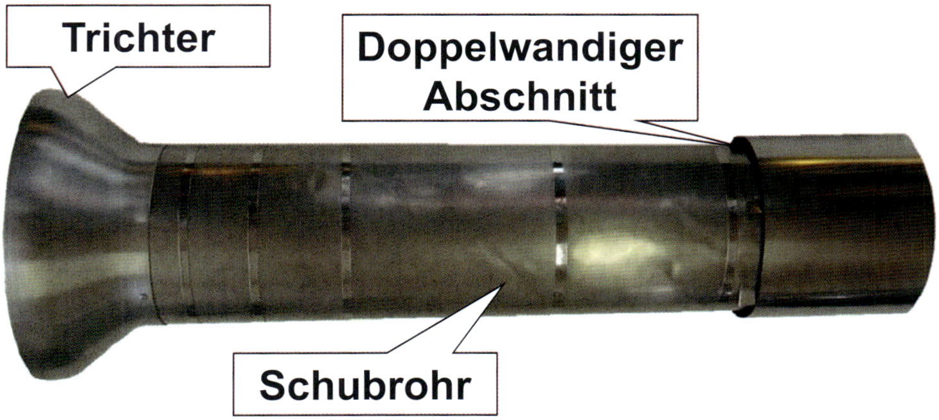

Bild 6.4: Typisches Schubrohr als Blechkonstruktion mit verkürztem Kühlmantel

geschwindigkeit wird direkt nach dem Eintritt in den folgenden Zwischenraum verwirbelt. In dieser Lücke bildet sich ein Druck aus, der etwa dem statischen Druck in der reduzierten Querschnittsfläche des Übergangslochs entspricht. Wenn sich solche Effekte mehrmals addieren, senkt sich der Saugdruck des Verdichters so weit, wie es den Verhältnissen in einer beträchtlichen Höhe entspricht. Die Auswirkungen auf den Schub können dem Diagramm aus Kapitel 2.4 entnommen werden.

6.3 Schubrohre

Die meisten Jetmodelle haben einen internen Triebwerkseinbau. Die Abgase müssen von der Düse bis zum Austritt aus dem Modell

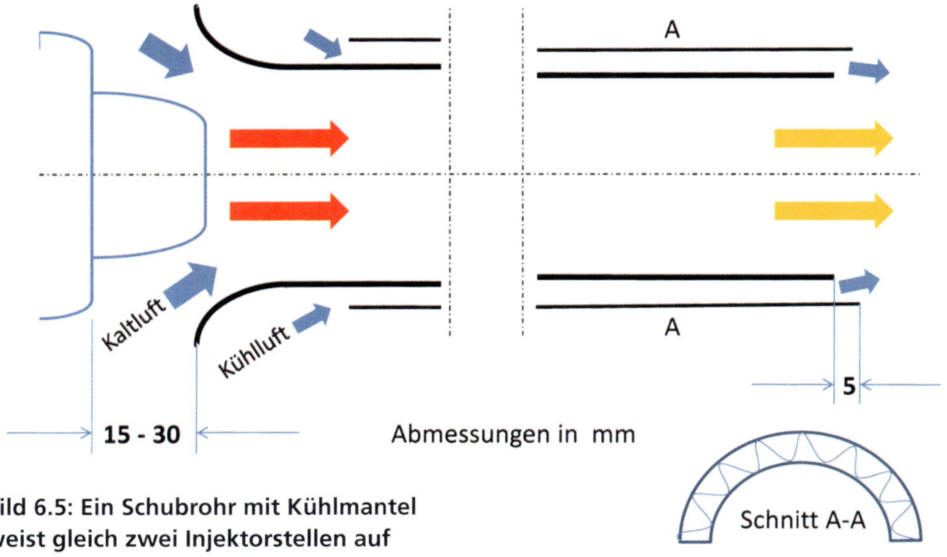

Bild 6.5: Ein Schubrohr mit Kühlmantel weist gleich zwei Injektorstellen auf

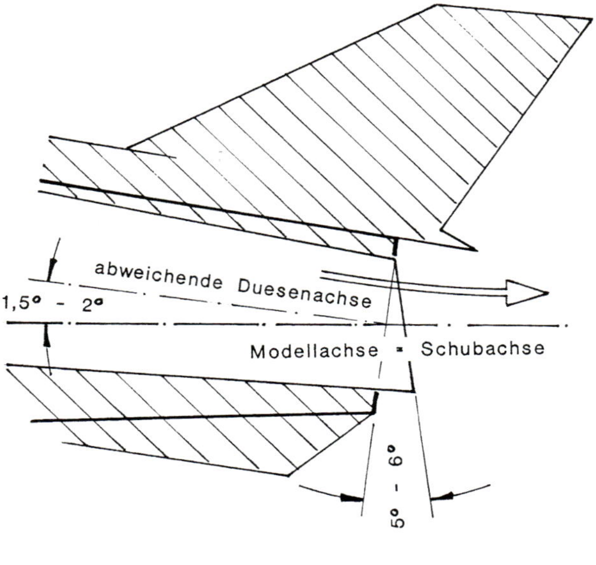

Bild 6.6: Die Wirkung einer schräg abgeschnittenen Düse auf den Schubvektor

geleitet werden. Nun ergibt es keinen Sinn, nur ein Rohr als Düsenverlängerung für die heißen Abgase zu verwenden. Es wäre wegen der hohen Temperaturen ohnehin nicht einfach zu kühlen. Deshalb haben sich so genannte Injektor-Systeme durchgesetzt, die den Abgasstrahl auffangen und dabei einen kalten Luftstrom dazu mischen.

Den Eintritt des Schubrohrs (Bild 6.4) bildet ein aerodynamisch ausgebildeter Trichter. Die Düse des Triebwerks ragt in diesen hinein und lässt um die Düse herum eine Ringfläche offen, in die kalte Luft eintreten kann. Die hohe Eintrittsgeschwindigkeit der Turbinenabgase erzeugt einen Unterdruck, der die Umgebungsluft in den Trichter zieht. Innerhalb des Schubrohrs mischen sich beide Ströme, der Abgasstrahl gibt seine Energie an die kalte Luft ab und wird dabei abgebremst. Der kalte Luftmantel nimmt an Geschwindigkeit zu, sodass der über die geringere Strahlge-

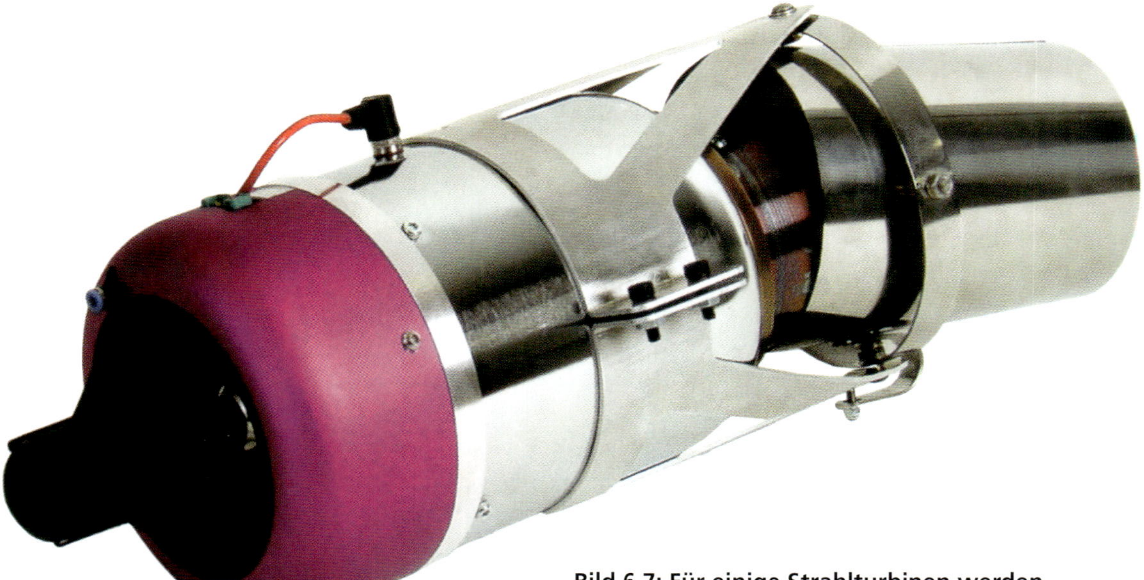

Bild 6.7: Für einige Strahlturbinen werden angepasste Vektorsteuerungen angeboten

schwindigkeit verlorene Schub durch einen größeren Massenstrom kompensiert wird. Am Ende eines langen Schubrohrs entsteht eine typische Geschwindigkeitsverteilung mit Überhöhung im Kernbereich (Bild 6.5). Der Abstand zwischen Turbine und Trichter muss so eingestellt werden, dass genügend Kaltluft zugemischt wird, um das Schubrohr zu kühlen und den Schub nur geringfügig zu beeinflussen. Wird der Abstand zu gering gewählt, sinkt der Schub. Wird er zu groß, muss eine Überhitzung des Rohrs befürchtet werden. Beim Einbau des Schubrohrs sollte der richtige Vertikalwinkel der Austrittsdüse beachtet werden.

Eine geneigte Mittellinie des Schubrohres hat die gleiche Wirkung wie ein Motorzug und kann beim Austrimmen des Modells genutzt werden. Ein einfaches Mittel, den Schubvektor zu verändern, ist das schräge Abschneiden der Düse (Bild 6.6). Die Weiterentwicklung in Richtung 3D-Fliegen ist die Steuerung mittels schwenkbarer Düse (Vektor-Steuerung gemäß Bild 6.7), die sich zunehmender Beliebtheit erfreut.

7. Modelle für Turbinen

7. Modelle für Turbinen

Heute werden bei den Jetmodellen die technischen Möglichkeiten des Modellflugs weitgehend ausgeschöpft, indem die Jet-Vorbilder möglichst maßstabsgetreu übernommen und mit leistungsstarken Strahltriebwerken angetrieben werden. Jetmodellfliegen fasziniert durch die Vereinigung von Spitzentechnologien auf den unterschiedlichsten Gebieten wie Triebwerkstechnik, Elektronik, Kunststoffverarbeitung, Pneumatik oder Hydraulik bei den Fahrwerken und nicht zuletzt in der Aerodynamik. Insbesondere die aerodynamischen Kennwerte machen den Unterschied zum herkömmlichen Modellflug aus. Das drückt sich in hoher Flugdynamik, aber auch in hohen Flächenbelastungen sowie Abhebe- und Landegeschwindigkeiten aus.

7.1 Trainer

Wer als Anfänger solche Überlegungen in die umgekehrte Richtung anstellt, ist mit einigen Einfach-Modellen bis hin zum Holz-Bausatz gut bedient. Der Spaß am Fliegen ist dennoch ungetrübt. Zu Beginn empfiehlt sich ein Zweckmodell oder ein einfach aufgebauter Trainer. Die einschlägigen Fachzeitschriften sind voll davon. Zu Beginn der Turbinenära wimmelte es von Kangaroos und Hot Spots, wobei einige Modelle ihrem Ruf alle Ehre machten. Der Einbau der Turbine und der Hilfssysteme ist aufwändig genug, um die handwerklichen Bedürfnisse zu befriedigen. Man möchte ja auch irgendwann zum Flie-

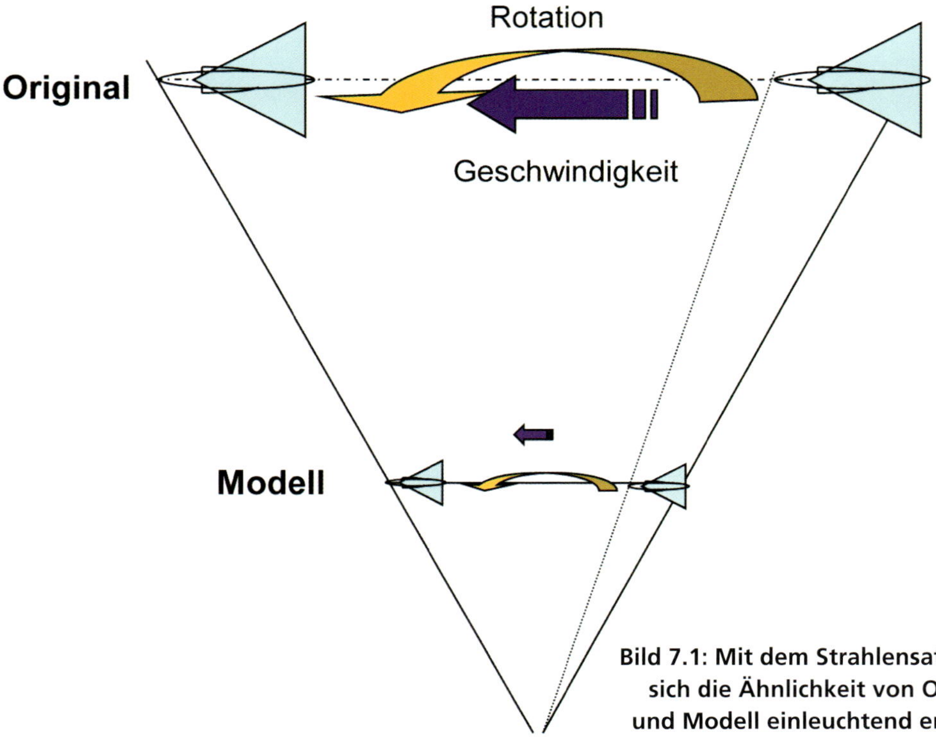

Bild 7.1: Mit dem Strahlensatz lässt sich die Ähnlichkeit von Original und Modell einleuchtend erklären

gen kommen. Doch einige grundsätzliche Überlegungen sind schon notwendig.

Der Trainer sollte sich möglichst neutral bei der Schubvariation verhalten, also keine zu große Differenz der Schubachse zum aerodynamischen Neutralpunkt aufweisen. Das Höhenleitwerk sollte bei Doppelrumpf-Modellen ausreichend weit außerhalb des Abgasstrahls liegen, wobei sich meist in der Startphase die Flammen ausbreiten können. Von einem Trainer muss man verlangen können, dass alle Komponenten schnell und leicht erreichbar sind. Da Einziehfahrwerke nicht nur teuer, sondern auch Problemstellen sind, darf es beim Trainer ruhig auch mal ein feststehendes sein.

7.2 Vorbildgetreue Modelle

Wenn man bereits eine aufwändige Antriebstechnik einsetzt, die den großen Vorbildern in der Luftfahrt entspricht, sollte die optische Ausführung des Modells dem nicht nachstehen. Deshalb liegt der Gedanke nahe, die Turbine in Kombination mit einem Scale-Modell einzusetzen. Das ist folgerichtig und wird von vielen Jetmodellfliegern in der Praxis umgesetzt. Das Angebot ist inzwischen so groß, dass auch für jedes Budget etwas dabei ist. Die Bilder in diesem Buch sollen eine Übersicht bieten. Inzwischen gibt es auch eine große Palette von ARF-Modellen, die den Scale-Ansprüchen der meisten Piloten genügen

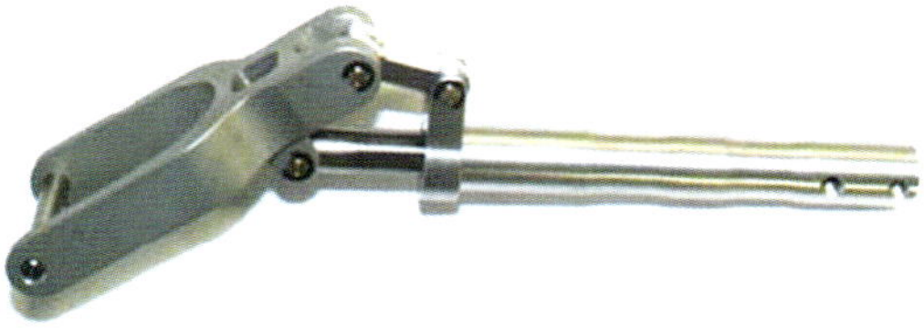

Bild 7.2: Fahrwerke als „Nachläufer" sind für Jetmodelle gut geeignet

Bild 7.3: Um hohe Biegekräfte aus einem Landestoß aufzunehmen, sind geschlossene Mechaniken empfehlenswert

dürften. Hier ist inzwischen der Aufwand in der Detaillierung ziemlich hoch.

7.3 Der richtige Maßstab

Wenn die Modelle vom Vorbild kaum zu unterscheiden sind, soll sich auch ein entsprechendes Flugbild einstellen. Welche Überlegungen führen dazu, dass sich ein Modell vorbildgetreu in der Luft bewegt? Die Theorie lehrt, dass eine vollkommene Ähnlichkeit dann vorliegt, wenn Kennzahlen wie Abmessungen, Kräfte und Geschwindigkeiten entsprechend den physikalischen Gesetzen auf ähnliche Weise vom Original auf das Modell übertragen werden. An dieser Stelle kommt bereits eine erste Ahnung davon auf, ob wir Modellflieger wirklich dieses Ziel verfolgen.

Man unterscheidet zwischen geometrischer, zeitlicher, dynamischer oder thermischer Ähnlichkeit und leitet daraus die entsprechenden Maßstabsfaktoren ab. Die geometrische Ähnlichkeit ist uns bekannt als Modellmaßstab, beispielsweise 1:5. Häufig lässt sich eine strenge Ähnlichkeit nicht erreichen. In einer „Liliput-Welt" würde eben auch die Zeit schneller vergehen. Das wäre auch in unserer Wahrnehmung ungewöhnlich. Also beschränkt man sich auf die Ähnlichkeit der relevanten Größen und lässt die übrigen unberücksichtigt. Die Fluggeschwindigkeit muss sich dem Maßstab des Modells anpassen. So soll etwa die Zeit, in der die zehnfache Rumpflänge durchflogen wird, beim Modell wie beim Original dieselbe sein. Ein einfaches Experiment gemäß Bild 7.1 macht es deutlich. Flöge das Original vorbei und befände sich das Modell im Maßstab 1:5 zur gleichen Zeit auf dem gleichen Strahl, aber in einem Fünftel der Entfernung, würde ein auf dem Boden stehender Beobachter nur

Bild 7.4: Damit auf Hartpisten die Landung nicht zu lang wird, benötigt ein Jetmodell Radbremsen

eine einzige Silhouette wahrnehmen. Es ist leicht einsehbar, dass sich Modell und Original für den Betrachter als Mittelpunkt mit gleicher Winkelgeschwindigkeit (Grad pro Sekunde) bewegen.

Dehnt man das Experiment auf eine Flugfigur aus, muss beispielsweise eine Rolle ebenfalls in derselben Zeit abgeschlossen sein wie beim Original. Die Modelle fliegen nach unseren Maßstäben dann „scale", wenn sie in einem Film nicht von dem Original unterschieden werden können. Am Anfang stehen Betrachtungen zu den Abmessungen und Gewicht. Um nicht zu sehr in komplizierte Rechnungen zu verfallen, wird angenommen, dass das Modell im Maßstab 1:5 gebaut wurde. Alle Abmessungen des Modells betragen ein Fünftel des Originals, die relevanten Tragflächeninhalte sind demnach 1:25. Das Gewicht würde sich bei einer Bauweise, die dem Original entspricht, etwa 1:125 sein. Hier tritt bereits ein erstes Problem auf. Um die weiteren Betrachtungen übersichtlich zu halten, dient die folgende Tabelle.

Merkmal	Modell 1:5
Abmessungen:	**1/5**
Flächen:	**1/25**
Gewicht:	**1/125**
Fluggeschwindigkeit:	**1/5**
Auftrieb:	**1/625**
Zeit:	**1/1**
Winkelgeschwindigkeit:	**1/1**

Nun hängen in der Aerodynamik Auftriebs- und Widerstandskräfte vom Quadrat der Fluggeschwindigkeit ab, die proportional zum Maßstab ist.

$$F_A = \frac{\rho}{2} \cdot c_0{}^2 \cdot C_A \cdot A$$

Außerdem verändert sich Fläche des Tragflügels ebenfalls mit dem Quadrat des Maßstabs. Das bedeutet für das gewählte Beispiel, dass das Modells im Vergleich zum Original nur einen Auftrieb von

Bild 7.5: Zur Berechnung des Moments wird die angeblasene Projektionsfläche des ausgeschlagenen Ruders gewählt

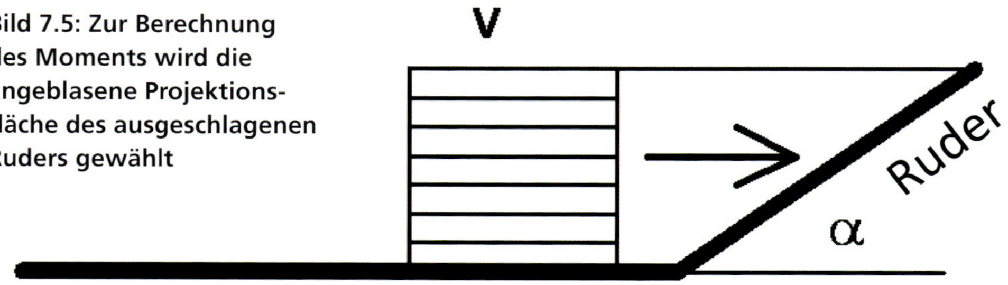

$$\left(\frac{1}{5}\right)^4 = \frac{1}{625}$$

erfährt. Unter der Annahme einer ähnlichen Bauweise des Modells wie beim Original kann das Gewicht des Modells mit

$$\left(\frac{1}{5}\right)^3 = \frac{1}{125}$$

ermittelt werden. Wie man sieht, wird ein ideal verkleinertes Modell nicht maßstabsgerecht fliegen können, da seine Flächenbelastung fünffach zu hoch wäre. Bei Verkleinerungen von geometrischen Verhältnissen hält die Aerodynamik noch weitere Überraschungen bereit. Da die dynamische Zähigkeit der Luft für Modell und Original gleich ist, nehmen die Reibungskräfte in Form des Widerstandsbeiwerts zu. Auch die Abreißeigenschaften von Tragflügelprofilen verschlechtern sich, maximale CA-Werte lassen sich nicht mehr erreichen.

Grundsätzlich muss die Fluggeschwindigkeit so hoch sein, dass ein genügender Auftrieb erzeugt wird, um das Gewicht des Modells zu tragen. Maßgebend ist dabei die Erdbeschleunigung $g = 9{,}81\ m/s^2$. Sie wirkt im Falle eines Auftriebsausfalls auf jedes Modell gleich, trotz unterschiedlicher Maßstäbe. Insgesamt muss das maßstabsgetreue Modell leichter als das Original gebaut werden, da es sonst zu schnell geflogen werden muss. Zwar wäre das beim Jet technisch kein wirkliches Problem, allerdings für das vorbildgetreue Flugbild weniger sinnvoll.

7.4 Fahrwerke

Ein besonderes Thema sind die Fahrwerke. Die generell harte Beanspruchung verlangt nach den starken Versionen. Soll es ein Scale-Fahrwerk sein, können sich die Kosten für einen Bausatz durchaus verdoppeln. In den meisten Jets befindet sich ein Fahrwerk, welches pneumatisch betrieben wird. Berücksichtigt man die Gewichte und Rollgeschwindigkeiten, die diese Fahrwerke (er-)tragen müssen, gehören diese Komponenten zu den höchst belasteten im Modell und müssen sicher funktionieren. Obwohl sich die Qualität der Fahrwerke in den vergangenen Jahren deutlich verbessert hat, muss man auch registrieren, dass die Kosten für ein Jet-Fahrwerk entsprechend entwickelt haben. Wer jedoch hier sparen möchte, tut sich keinen Gefallen. Denn nach jeder Landung an dem Fahrwerk herum zu schrauben, kann die Laune am Fliegen wirklich verderben. Nur bei einigen Sportmodellen ist es möglich, die allgemein bekannten „Drähte mit Spiralfedern" mit einem Durchmesser von 5 oder 6 mm zu verwenden. Sie können aber lediglich nach hinten federn und dämpfen den Aufsetzvorgang nur wenig. Am besten haben sich bei den Jets Fahrwerke mit Schwingen als Nachläufer (Bild 7.2) bewährt, denn sie können einen vertikalen Stoß gut abfangen.

Ein konstruktiver Schwachpunkt an den Mechaniken sind häufig die Rahmen mit den Befestigungsflanschen. Schaut man sich die Konstruktionen an, so ist für die wesentliche Biegebelastung zu wenig Vorsorge getroffen, sodass sich die L-förmigen Seitenteile verbiegen. Meist sind es nur Abstandshalter, die die Biegung aufnehmen müssen. Eine deutliche Verbesserung wird durch einen weitgehend geschlossenen Kasten erreicht, wie er zum Beispiel bei der Firma Behotec ausgeführt wird (Bild 7.3).

Wichtig sind auch die Aufnahmen in Modell oder Flügel. Hier wurde insbesondere bei Fertigmodellen häufig eine zu schwache Ausführung und Verklebung bemängelt. Eine kritische Überprüfung kann manchen Ärger vermeiden. Manche einkreisige Bugfahrwerke machen Probleme bei der Verriegelung nach dem Ausfahren, da die Federkräfte gegen den Luftwiderstand des Fahrwerksbeins und des Rads arbeiten müssen. Hier helfen nur stärkere Federn oder ein Zweikreis-System.

Wegen des relativ hohen Restschubs der Turbinen ist gerade auf komfortablen Hartpisten ein Stillstand des Modells kaum erreichbar. Daher wird ein Jetmodell mit Bremsen am Hauptfahrwerk ausgerüstet (Bild 7.4). Hier bietet die Zubehörindustrie verschiedenste Systeme an. Die Frage, ob man ein oder zwei Systeme (Fahrwerk und Bremse) für die Druckluft benötigt, ist

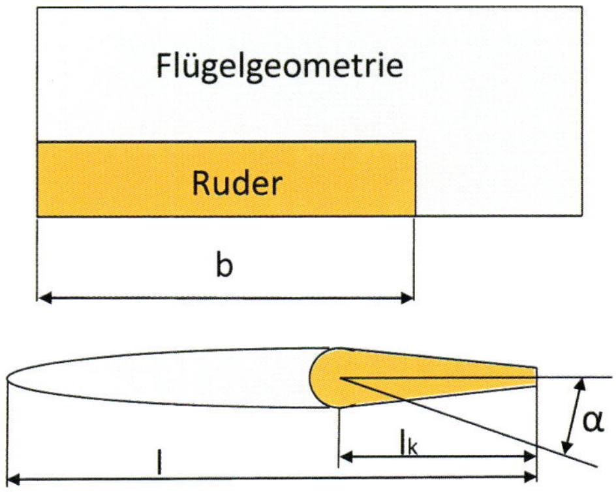

Bild 7.6: Berechnungsgang für eine überschlägige Ermittlung des Rudermoments bei Vorgabe der Geometrie und des Ausschlagwinkels von 20 Grad

Bestimmung der Ruderkräfte

Rudermoment für $\alpha = 20°$	$M_r = c_r \cdot F_k \cdot l_k \cdot q \cdot S$	Nm
	c_r Momentenbeiwert aus Diagramm	/
	$F_k = l_k \cdot b$ Ruderfläche	m²
	l_k Rudertiefe	m
	b Spannweite des Ruders	m
	$q = 0{,}6 \cdot c_0^2$ Staudruck	N/m²
	c_0 Fluggeschwindigkeit	m/s
	S Sicherheitsfaktor (2,0)	

nicht so entscheidend, wenn man sich auf die Dichtigkeit des Systems konzentriert. Inzwischen haben hier auch die Festo-Anschlüsse Einzug gehalten. Mit diesen lässt sich das Luftsystem gut warten. Hierzu kann ein einfacher Test Aufschluss geben. Nach dem simulierten Einfahren des Fahrwerks lässt man mindestens die doppelte Flugzeit vergehen, um dann noch für zweimaliges Aus- und Einfahren des Fahrwerks Luft zu haben.

7.5 Servokräfte

Zusätzliche Investitionen werden fällig, folgt man den Anweisungen der Hersteller beim Servo-Kauf – sofern hierzu überhaupt etwas gesagt wird. Die auftretenden Ruderdrücke und Haltekräfte werden von Neueinsteigern in der Regel unterschätzt. Wegen der großen Leistungs- und Qualitätsunterschiede kommt es hier auf die richtige Wahl an. An dieser Stelle das Geld zu sparen, das man für die Turbine ausgeben musste, kann schlimme Folgen haben. Auch wenn die vorhandenen Servos ohne Probleme im Propellermodell ihren Dienst verrichtet haben, heißt das noch nicht, dass sie für Jetmodelle geeignet sind. Hier haben sie mit weit höheren Stellkräften und möglicherweise Flatterneigungen der Ruder zu tun. Gerade das Ruderflattern geht einher mit den hohen Fluggeschwindigkeiten und erfordert Servos mit hoher Haltekraft und geringstem Spiel in der Anlenkung.

Bei der Frage „Gabelköpfe oder Kugelgelenke?“ ist zu beachten, dass die zumeist eingesetzten Kugelgelenke einen Kraftangriffspunkt außerhalb der Mitte bilden und damit ein zusätzliches Biegemoment in den Ruderhebel und den Servoarm einleiten.

Hier wird bei nicht genügend steifen Anordnungen, ob am Servo oder am Ruder selbst, das Risiko einer ungewollten Elastizität erhöht. Beide Verbindungselemente sind auf Spiel zu kontrollieren oder durch andere Bauarten zu ersetzen.

Bei der Anlenkung sollten die 2-mm-Varianten nicht an normalen Jetmodellen verbaut werden. In den meisten Fällen sind Gestänge-Durchmesser von mindestens 2,5 oder 3 mm angesagt. Zur Sicherung der Gabelköpfe und Muttern eignen sich Schrumpfschläuche. Auch die unterstützungsfreien Längen zwischen Ruderhebel und Servoarm müssen begrenzt und mit Kohlefaserrohren versteift werden. Inzwischen sind auch für die meisten Servos Aluminiumhebel verfügbar, die einen großen Schutz vor dem Überkämmen der Befestigungsverzahnung bei höchster Belastung bieten.

Die Auswahl eines Servos richtet sich nach Größe, Drehmoment, Schnelligkeit – und nicht zuletzt nach dem Preis. Für das wesentliche Merkmal, das Drehmoment, gibt es meist nur vage Vorstellungen. Man kann froh sein, wenn es praktische Erfahrungen oder Herstellerangaben für das erforderliche Drehmoment der Servos des betreffenden Modells gibt. Die meisten Berechnungsmodelle zur Bestimmung des Rudermoments gehen davon aus, dass die der Strömung entgegenstehende Ruderfläche gegen den herrschenden Staudruck gehalten werden muss (Bild 7.5). Der Ruderausschlag bewirkt aber eine zusätzliche Wölbung und damit eine Auftriebserhöhung bei konstantem Anstellwinkel, die sich als zusätzliches Rudermoment bemerkbar macht. Außerdem hängt das Moment stark von dem Rudertiefenverhältnis ab, also von der Ruder- bezogen auf die Flächentiefe.

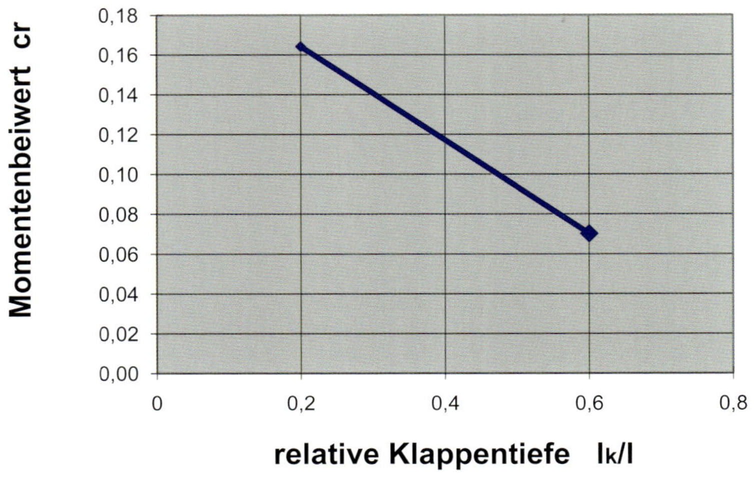

Bild 7.7: Bestimmung des Momentenbeiwerts cr

Kraft und Moment
Ein Moment ist definiert als Kraft x Länge des Hebelarms. Bei einem Newtonmeter greift die Kraft von einem Newton an einer Hebellänge von einem Meter an. Die Kraft wird in der Physik in Newton angegeben. Zu dem früheren Kilopond (kp) besteht die Relation 1 kp = 9,81 N. In der Praxis wird kaum ein Unterschied zwischen dem Kilopond und dem Kilogramm (kg) gemacht, sodass auch Angaben kgcm bei der Drehmomentangabe zu finden sind. Ein kpcm entspricht demnach 9,81 Ncm oder zirka 10 Ncm.

Ein Ruder, eine Klappe oder eine Bremseinrichtung erzeugt in einer Luftströmung Rückstellkräfte, die grundsätzlich nicht nur statisch sondern wegen der einhergehenden Wirbelbildung auch dynamisch sind. Ein einfacher Berechnungsansatz findet sich allerdings nur die statischen Anteile. Für die Dynamik werden anteilige Zuschläge angesetzt. In der Aerodynamik sind die geometrischen Abmessungen wie Länge und Breite des Ruders sowie der Anteil des Ruders an der Flügeltiefe und der Ruderausschlag wichtige Parameter, die das erforderliche Drehmoment des Ruders bestimmen. Hinzu kommen der vom Flügel produzierte Auftrieb und vor allem die Fluggeschwindigkeit. Steht das Ruder in der gewünschten Position, vergrößert sich die Haltekraft durchaus beträchtlich, denkt man beispielsweise an ein Abfangmanöver aus dem Sturzflug heraus.

Gerade bei Jetmodellen liegen meist weniger Erfahrungen vor, weshalb es zu falschen Auswahlkriterien kommen kann. Die oben beschriebenen Zusammenhänge sind in den Bildern 7.6 und 7.7 dargestellt und können für Überschlagsrechnungen mit Ruderausschlägen von ± 20° genutzt werden. Nimmt man an, dass sich durch einen Strahlantrieb die Fluggeschwindigkeit von 200 auf 300 km/h steigert, nehmen die Rudermomente und Haltekräfte für den gleichen Ruderausschlag um den Faktor

$$f = \left(\frac{300}{200}\right)^2 = 1{,}5^2 = 2{,}25$$

zu, da die Strömungskräfte in der Regel quadratisch von der Geschwindigkeit abhängen. In der Praxis heißt das, dass ein sonst übliches 40-Ncm-Servo durch ein 80-Ncm-Servo ersetzt werden muss. Wegen dieser Komplizierungen empfiehlt es sich, eine im Sturzflug erreichbare Geschwindigkeit in die Berechnung der Rudermomente einzuführen.

A380
A380-900
AIRBUS
JAL

8. Fliegen mit Turbinen

52

8. Fliegen mit Turbinen

Der bisher offensichtlich verantwortungsvolle Umgang mit den Gasturbinen im Modellflug ist erfreulich. Er drückt sich auch in der Schadenshäufigkeit aus, das hier nicht höher ist als in den übrigen Modellklassen. Trotzdem sollte der Betrieb von Gasturbinen bestimmten Regeln zur Sicherheit im Modellflug unterliegen. Hierzu zählen die grundlegende Vorbereitung der Steuersysteme sowie der Modelltechnik und Vorkehrungen zum Schutz vor akuten Bränden. Den letzten Punkt gilt es im Turbinenbetrieb besonders zu beachten. Das Hantieren mit offenem Feuer erfordert Aufmerksamkeit und die Einhaltung von Sicherheitsabständen. Auch bei der Modelltechnik ist auf die Dichtigkeit des Brennstoffsystems zu achten, um Ansammlungen von Brennstoffresten zu vermeiden. Zur Sicherheit des eigenen Modells reicht ein kleiner Handlöscher mit CO_2-Füllung.

8.1 Platzbedarf

Zwei Dinge reichen bereits zum Jetfliegen: Der Modellflugplatz muss in den Vorzugsrichtungen hindernisfrei in flachem Winkel angeflogen werden können und die Piste sollte mindestens etwa 100 m lang sein. Natürlich hängen die nötigen Luftraumanforderungen von der Art und Größe des Jetmodells selbst ab. Ein Flugzeug, das mit relativ hoher Geschwindigkeit fliegt, hat auch einen

großen Aktionsradius. Bei einer Geschwindigkeit von 360 km pro Stunde beispielsweise werden 100 m innerhalb einer Sekunde durchflogen. Ehe man bis drei gezählt hat, ist das Modell bereits 300 m entfernt. Dann wird es Zeit, ein Umkehrmanöver einzuleiten. Ein Aktionsradius von 300 m ist mit mittleren Modellen einzuhalten, ein größerer Luftraum zumindest in Richtung von An- und Abflug ist aber komfortabler. Nun fliegt man selten mit Vollgas in der Horizontalen, sondern spart sich den Sprit für kraftvolle Aufwärtsmanöver auf. Auf weite Ausflüge ins Land kann man verzichten.

Die Startpiste sollte eben sein. Bei der hohen Rollgeschwindigkeit lassen Unebenheiten das Bugrad leicht springen und es besteht somit die Gefahr, dass das Modell mit zu geringer Geschwindigkeit abhebt und dabei Bruch macht. Diese beispielhaften Anforderungen sollen Anhaltspunkte für die Suche nach einem geeigneten Modellflugplatz geben. Zu den Schallemissionen wird später noch einiges ausgesagt.

8.2 Was ist neu?

Neben den Bestimmungen der Flugordnung gibt es einige Auflagen für den Betrieb von Gasturbinen. Dass Turbinen nur sicher zu betreiben sind, wenn die Grenzwerte wie beispielsweise Drehzahl und Abgastemperatur durch eine ECU überwacht werden, ist unstrittig. Auch ist die unmittelbare Erreichbarkeit eines CO-Löschers Pflicht. Jets zählen per Definition zu den schnelleren Luftfahrzeugen. Die volle Leistung der Turbine wird beim Start benötigt und in einigen besonderen Flugphasen wie etwa dem senkrechten Steigen. Alle übrigen Phasen erfordern die Zurücknahme des Gasknüppels. Verantwortungsvolle Jetpiloten zeichnen sich durch besondere Umsicht aus, da das Modell einen

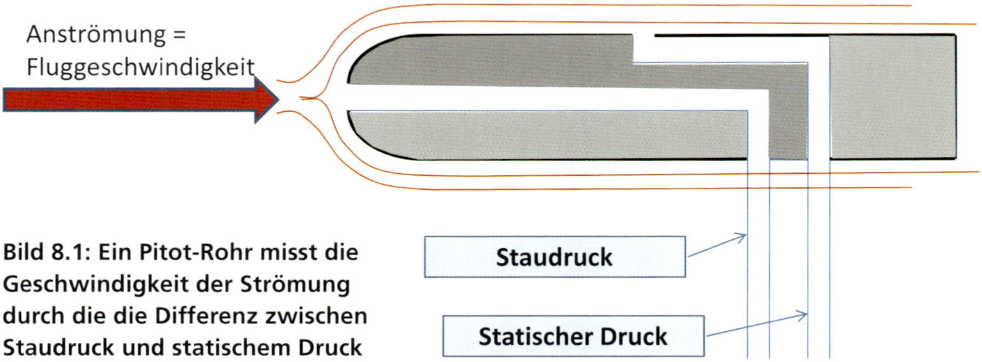

Bild 8.1: Ein Pitot-Rohr misst die Geschwindigkeit der Strömung durch die die Differenz zwischen Staudruck und statischem Druck

großen Aktionsradius beansprucht. Die Kurven und Wendemanöver sind in der Regel weiträumiger als bei üblichen Propellermodellen. Das Ansprechen auf Laständerung der Turbine ist immer noch etwas träge. Ein Helfer kann gute Dienste leisten, indem er dem Piloten wichtige Hinweise zur Beschaffenheit des Luftraums gibt.

Im Gegensatz zum Propellerantrieb gibt es beim Turbinenantrieb keine Bremsmöglichkeit durch niedrigen Leerlauf des Motors. Es bleibt ein gewisser Restschub im Leerlauf der Turbine, der dafür sorgen kann, dass das Modell auf Hartpisten kaum zum Stillstand kommt. Hier helfen nur noch Radbremsen. Einen Jet so zu fliegen wie sein großes Vorbild, das haben sich die Piloten auf die Fahnen geschrieben.

8.2.1 Starten

Wegen der relativ hohen Zuladung (Turbine und Systeme: 2 bis 3 kg, Kerosin 1,5 bis 2 kg) erreichen Jetmodelle ziemlich hohe Tragflächenbelastungen. Diese drückt sich dann in einer hohen Start- und Landegeschwindigkeit aus, die nur auf einer ebenen und glatten Piste zu erreichen ist. Der Start verlangt vom Piloten, dass

er sein Modell mit hoher Geschwindigkeit auf der Startpiste geradeaus dirigiert. Hier tut ein Kreisel für die Bugradsteuerung gute Dienste. Außerdem verlangt das Rollen am Boden unterschiedlich starke Ausschläge, die nur mit hohem Anteil „Expo" zu bewältigen sind.

Zwei wesentlichen Unterschiede zum Propellermodell sind zu beachten:

- Eine Turbine überträgt kein Drehmoment auf den Rumpf
- Der Abgasstrahl trifft nicht auf die Ruder

Die Drehmomentfreiheit besagt, dass durch die aerodynamische Auslegung des Turbinenrads der Drall aus der Strömung herausgenommen wird und damit auch kein sonst üblicher Seitenzug für einen stabilen Geradeausflug notwendig ist. Es bleiben

aber die Beschleunigungsmomente für die rotierenden Teile, das heißt beim plötzlichen Gasgeben muss die Turbine einen Teil des Drehmoments dafür aufwenden, den Rotor zu beschleunigen. Das entsprechende Rückdrehmoment auf den Rumpf ist aber sehr gering, da sich die Turbine beim Beschleunigen etwas Zeit lässt. Ein wesentlich deutlicher auftretender Effekt muss im Fehlen des Luftstrahls auf die Ruderflächen gesehen werden. Die Wirkung der Ruder nimmt also proportional zur Fluggeschwindigkeit zu oder ab.

Während des Starts bleibt das Höhenruder so lange unwirksam, bis der „Fahrtwind“ einen ausreichenden Ruderdruck erzeugt. Um ein Hochreißen des Modells zu vermeiden, kann bei einigen Modellen (Delta-Flüglern) bereits während der Startbeschleunigung Höhenruder gegeben werden, das im Fall des Rotierens zurückgenommen wird. Ein gleichmäßiger, flacher Steigungswinkel ist anfangs optimal. Bei kurzen Rasenpisten können unter Umständen Startschwierigkeiten mit Jetmodellen auftreten. Dabei hilft eine genaue Beobachtung der Bugradfederung, die unter dem Turbinenschub einknicken kann und den Anstellwinkel der Tragflächen eventuell negativ beeinflusst. Unter solchen Platzverhältnissen sollte das Modell mit dem Bugfahrwerk auf einen höheren Anstellwinkel eingestellt werden. Im Verlaufe des Starts werden dabei die Radlasten durch den zunehmenden Auftrieb geringer und das Modell erreicht auch eine höhere

Rollgeschwindigkeit. In der Phase vor dem Abheben des Bugrads kann es bei Modellen ohne Seitenruder zu Steuerproblemen kommen. Auch bei der sonst geringen Nutzung empfiehlt sich der Einbau eines funktionsfähigen Seitenruders.

8.2.2 Fliegen

Einmal in der Luft, verhält sich ein Jetmodell relativ brav und folgsam. Man verfügt über reichlich Power, sodass der Gasknüppel mit dem Gefühl der Überlegenheit ruhig nach hinten genommen werden kann. Nur beim Start und in den Steigfiguren geht der Steuerknüppel nach vorn. Während des Fliegens eines Jets treten eigentlich keine besonderen Unarten auf. Positiv ist, dass das Jetmodell weniger anfällig auf Turbulenzen und Seitenwind reagiert.

Jetfliegen heißt, dauernd umkehren zu müssen. Schnell wird eine Entfernung erreicht, in der das Modell zurück geführt werden muss. Wer da als Brillenträger nicht vorher beim Optiker gewesen ist, kann seine Grenzen schnell erreichen. Als Rückkehrmanöver eignen sich besonders vertikale Figuren wie Abschwung und halbe Kuban-Acht, da sie die Silhouette des Jets auch in großer Entfernung gut erkennbar machen. Möchte man die Fluggeschwindigkeit auf einen maximalen Wert begrenzen, bietet beispielsweise JetCat einen Fluggeschwindigkeitsmesser an, der mit der ECU so programmiert werden kann, dass die maximal erlaubte Geschwindigkeit nicht überschritten wird. Der Sensor ist als Pitot-Rohr (Bild 8.1) ausgebildet und berechnet aus der Differenz zwischen Staudruck und statischem Druck sowie der Umgebungstemperatur die Fluggeschwindigkeit.

$$c = \sqrt{2 \cdot \frac{(p_{stau} - p_{stat}) \cdot (T+273) \cdot R}{p_{stat}}}$$

Das Flattern von Bauteilen ist für alle Flugzeuge, auch für Modellflugzeuge, ein gefährlicher Flugzustand, der im Allgemeinen nur kurz andauert und dabei die Struktur der betroffenen Teile zerstören kann. Flattern von Flügeln, Leitwerken und Rudern gehört zu den selbsterregten oder angefachten Schwingungen. So lange die Schwingungen durch das Material und die Luftkräfte gedämpft werden können, werden sie von selbst beendet oder bereits im Entstehen verhindert. Steigert man aber beispielsweise die Fluggeschwindigkeit über einen kritischen Wert, reicht die Dämpfung durch Material und Luft nicht mehr aus, und es tritt ein labiler Flugzustand mit nicht mehr kontrollierbaren Schwingungen der betroffenen Teile auf.

In den meisten Fällen treten Torsionsschwingungen auf, bei denen Ruder entgegengesetzt zu den Flügeln oder Leitwerken schwingen. Das Bild 8.2 zeigt diesen Vorgang, bei dem aerodynamische Kräfte, Steifigkeiten und Massenträgheiten eine wichtige Rolle spielen. Durch irgendeine Unregelmäßigkeit wird zum Beispiel ein Flügel vertikal beschleunigt, wobei das Querruder durch seine Massenträgheit „zurück" bleibt und gleichzeitig wegen der Überbrückung von Toleranzen in der Anlenkung auch noch einen zusätzlichen Auftriebsanteil erzeugt. Diese Kraft lenkt den Flügel so weit aus, bis die Steifigkeit der Struktur

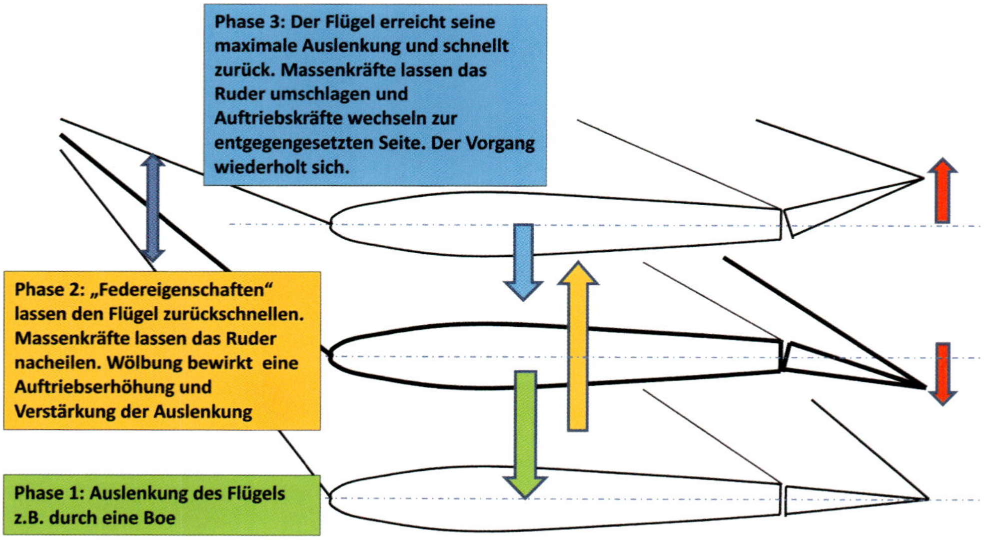

Auslenkungen übertrieben dargestellt

Bild 8.2: Die Entstehung von Flattern bei hoher Fluggeschwindigkeit

die Auslenkung stoppt und den Flügel zurückschwingen lässt. Das Ruder bleibt dabei wieder zurück und verstärkt durch zusätzlichen Auftrieb (besser: Abtrieb) das Zurückschnellen des Flügels in die Ausgangsposition. Da die Bewegung des Flügels in der Ausgangsposition nicht beendet ist, kommt es zu einem Überschwingen auf die andere Seite, wodurch der Vorgang weiter anhält und sich in der Regel so weit aufschaukelt, bis ein Versagen der Struktur eintritt. Als Abhilfe können die Spiele verringert und die Steifigkeiten der Rudergestänge erhöht werden. Zuletzt müssen die Strukturen wesentlich steifer ausgeführt werden als es von ihrer Normalbelastung nötig wäre.

8.2.3 Landen

Muss man dem Landen von Jetmodellen ein eigenes Kapitel widmen? Eigene leidvolle Erfahrungen und Beobachtungen als Wettbewerbsleiter bestätigen das. Nach erfolgreichem Flug kommt mit der Landung der aufregendste Teil. Nicht weil man Überraschungen fürchten müsste, sondern nur eine saubere Landeeinteilung lässt das Modell die Piste treffen. Diese muss allerdings in ihrer gesamten Länge zur Verfügung stehen. Nicht umsonst bevorzugt der Jetpilot eine möglichst lange Landepiste, denn dann muss er sich nicht so intensiv auf die Landeeinteilung konzentrieren und kann das

Modell bis zu einer komfortablen Landegeschwindigkeit ausschweben lassen. Aber was ist auf den üblichen Modellflugpisten zu tun, die deutlich kürzer sind? Da kommt schon mal das Gefühl für eine Flugzeugträgerlandung auf.

Nun werden die Landehilfen wichtig, über die einige Modelle verfügen. Gute Bauanleitungen geben Aufschluss über das Verhalten der Modelle mit gesetzten Landeklappen, Bremsklappen oder anderen Einrichtungen. Landeklappen wirken je nach Winkel als Auftriebshilfe, haben aber auch eine deutliche Widerstandszunahme zur Folge. Mit zunehmendem Ausschlag wird die Widerstandswirkung im Vergleich zur Auftriebserhöhung immer stärker. Außerdem verändert sich der so gennante Momentenbeiwert des Flügels und erfordert eine Lastveränderung des Modells um die Querachse. Eine konkrete Anweisung zur Trimmkorrektur ist dann von Vorteil.

Bremseinrichtungen sind dagegen nicht zur Auftriebserhöhung geeignet. Sie sollen ausschließlich den Widerstand erhöhen. Dieses funktioniert meist ziemlich radikal, denn der Widerstand des betroffenen Flügelabschnitts kann sich leicht um den Faktor 20

erhöhen. Weil diese Effekte bei den ersten Landungen nicht wirklich bekannt sind, bleiben die Piloten häufig bei einer zu hohen Geschwindigkeit.

Das führt dann zu einem übermäßigen Einsatz der Radbremsen, der dann zum Schleudern auf der Piste führt, wenn die Bremsen ungleichmäßig verzögern. Große Modelle, insbesondere mit moderater Flächenbelastung, landen erfahrungsgemäß langsamer. Der Restschub der Turbine lässt es häufig gar nicht zu, dass die Geschwindigkeit im Landeanflug zu gering wird. Mit gesetzten Klappen muss die Mindestgeschwindigkeit mit der Gasstellung eingestellt werden. Wird das Modell zu langsam, fällt es heftig in das Fahrwerk. Insbesondere Deltaflügler, die mit ziemlich erhobener Nase gelandet werden, erfordern dann vor dem Aufsetzen noch Gasstellungen von bis zu 50 %, um den Widerstand des Modells zu kompensieren. Damit die vertikale Aufsetzgeschwindigkeit nicht zu sehr zunimmt – denn die beansprucht das Fahrwerk extrem – wird mit einem Teil des Schubs das Gewicht des Modells kompensiert. Hat das Modell aufgesetzt, kann abgebremst werden. Doch Vorsicht, wenn die Bremse über die Funktion „Tiefenruder" gesteuert wird. Hebt sich das Heck zu sehr, kann das Modell aus der Spur kommen.

9. Turbinenlärm

9. Turbinenlärm

Fliegen und Lärm gehören irgendwie zusammen. Nicht umsonst ist der Lärm in den meisten Fällen die Quelle allen Ärgernisses in der Fliegerei. Lärm wird subjektiv empfunden: Selbsterzeugte Geräusche gelten selten als Belästigung, wogegen fremde, von möglicherweise unsympathisch eingeschätzten Personen erzeugte Geräusche als aufdringlichen Lärm empfunden werden. Neben der messbaren Lärmentwicklung einer Gasturbine spielt der subjektiv wahrgenommene Lärmeindruck eine große Rolle. Zu der Vorbildgetreue eines Modells gehört auch die Geräuschentwicklung: Ein lautloser Jet ist unwirklich. Das heißt aber nicht, dass die Lärmminderung vernachlässigt werden darf. Im Gegenteil, seit den 90iger Jahren mussten die Jetmodellflieger mit dem Auftreten von Turbinen eine unklare gesetzliche Regelung für den Betrieb in Kauf nehmen. Das veranlasste die eine oder andere Behörde sogar, das Turbinenfliegen zu verbieten.

In der Praxis waren sich die Modellflieger einig, dass allein die Beurteilung von Emissionswerten kein sinnvolles Verfahren darstellte, um die Beeinträchtigung von Nachbarn zu bewerten. Waren doch die Turbinen in der Luft lang nicht so unangenehm laut, wie die Messwerte dies erwarten ließen. Schnell wurde der Handlungsbedarf erkannt, die Lästigkeit und die Ausbreitung des Turbinenlärms genauer untersuchen zu müssen. Erste Messungen an Modellen mit Turbinenantrieb zeigten deutliche Abweichungen zu den Ergebnissen von Kolbenmotoren. Das gemessene Frequenzspektrum einer Gasturbine seitlich und von vorn (Bild 9.1) zeigt keine dominanten Töne, was ja auch dem allgemeinen Höreindruck in Form eines „Rauschens“ entspricht. Es fehlen die

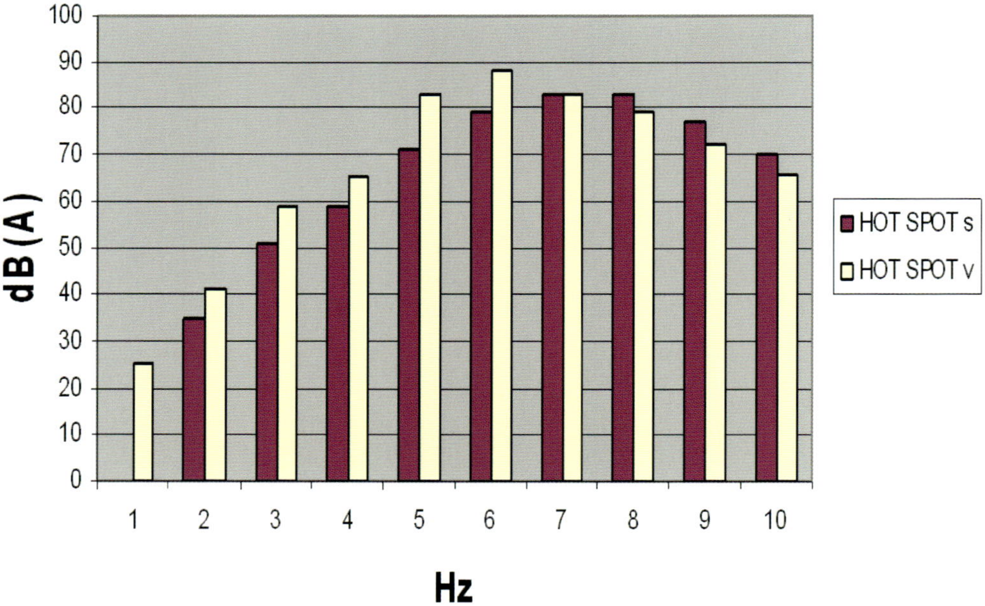

Bild 9.1: Das gemessene Frequenzspektrum zeigt keine hervortretenden Spitzen

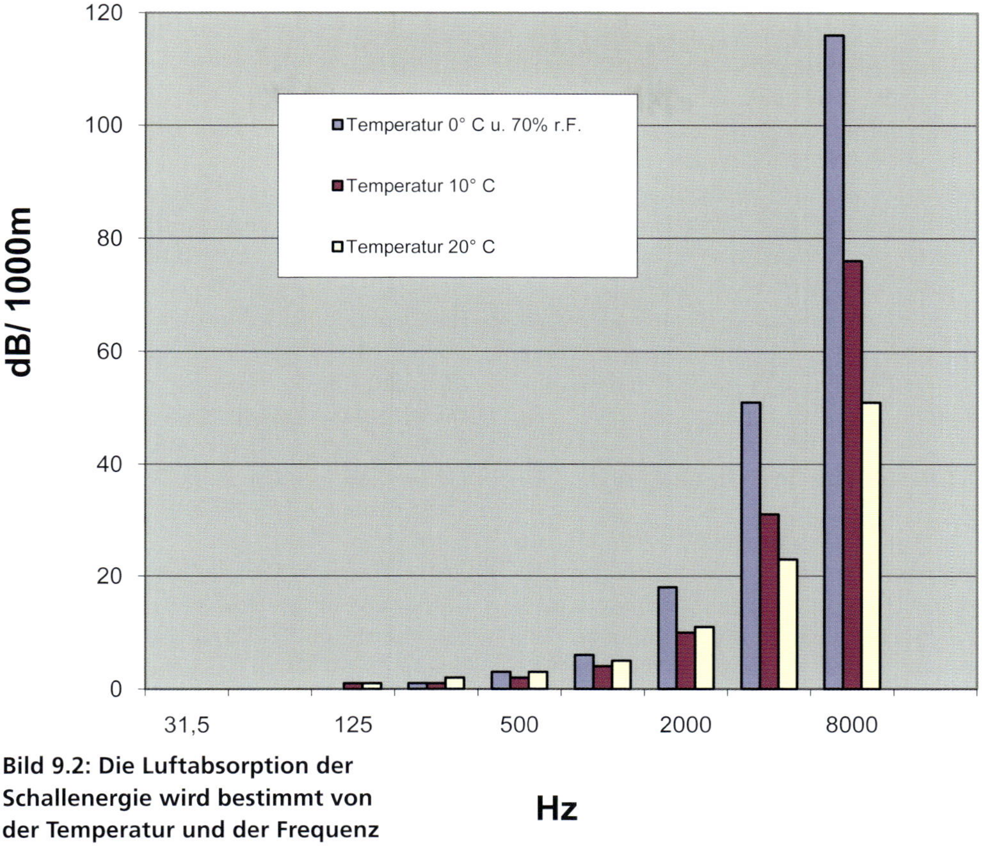

Bild 9.2: Die Luftabsorption der Schallenergie wird bestimmt von der Temperatur und der Frequenz

markanten Signale in Vergleich zu dem Auspuffgeräusch eines Kolbenmotors.

Da in vielen Lärmbeschränkungen für Kolbenmotoren gerade diese Tonhaltigkeit mit einer Erhöhung um zirka 6 Dezibel (dB) bewertet wurde, konnte in einer Übergangperiode der zulässige Pegelwert von 84 dB(A) auf den meisten Plätzen um 6 dB auf maximal 90 dB(A) angehoben werden.

9.1 Schallausbreitung bei Turbinen

Die frühere Regelung legte einen maximalen Emissionswert eines Modells mit Verbrennungsmotor fest, der in 7 m Abstand zu messen war. Die wirkliche Entfernung zum nächsten Nachbarn blieb dabei unberücksichtigt. Der neue Ansatz für die Festlegung von Maximalwerten nimmt nun Bezug auf die maximalen Immissionswerte, die beim nächstgelegenen Nachbarn einzuhalten sind. Hierzu haben die beiden großen Verbände, DMFV und DAeC, durch verschiedene Gutachten sogenannte Abstandstabellen entwickelt. Sie stellen gemäß der 18. Verordnung zur Durchführung des Bundes-Immissions-Schutzgesetzes eine Korrelation zwischen der zumutbaren Immissionsbelastung der Nachbarschaft und der Entfernung zum Modellflugplatz her und geben einen für das Modell zulässigen maximalen Emissionswert an. Vereinfacht ausgedrückt heißt das, dass dem nächst gelegenen Nachbarn (Immissionsort) gemäß der Einordnung seines Wohngebietes nur ein bestimmter, maximaler Schallpegel zugemutet werden darf. Über den Abstand zum Flugplatz kann daraus ein maximal zulässiger Schallpegel für das Flugmodell auf dem Platz (Emissionsort) ermittelt werden. Da die Schallausbreitung in der Umgebung (Bild 9.2) neben den auftretenden Frequenzen auch durch Luft- und Bodenabsorption sowie von Hindernissen geprägt ist, wurde zwischen Kolbenmotoren und Turbinen unterschieden.

9.2 Rechtliche Bestimmungen

Das Ingenieurbüro Sorge wurde mit der Ausarbeitung von Abstandstabellen unter der Berücksichtigung der unterschiedlichen Ausbreitungscharakteristiken des Lärms von Propeller- und Turbinenantrieben betraut. Gleichzeitig hatte das Luftfahrtbundesamt neue Richtlinien für die Durchführung von Emissionsmessungen an zulassungspflichtigen Modellflugzeugen herausgegeben, die insbesondere einen auf 25 m vergrößerten Messabstand vorsahen. Dies ist ebenfalls ein entscheidender Fortschritt, da bei einem Messabstand von 7 m die Flügel- oder Rumpfabmessungen von großen Modellen bereits deutlich näher zum Mikrofon reichen und damit durchaus die Messung verfälschen können. Bei 25 m Abstand können solche Effekte sicher ausgeschlossen werden. Eine Übersicht zur Messanordnung gibt Bild 9.3.

Die maximalen Emissionswerte wurden für Kolbenmotoren mit Propeller (einschließlich E-Motoren) auf 82 dB(A) und für Turbinen

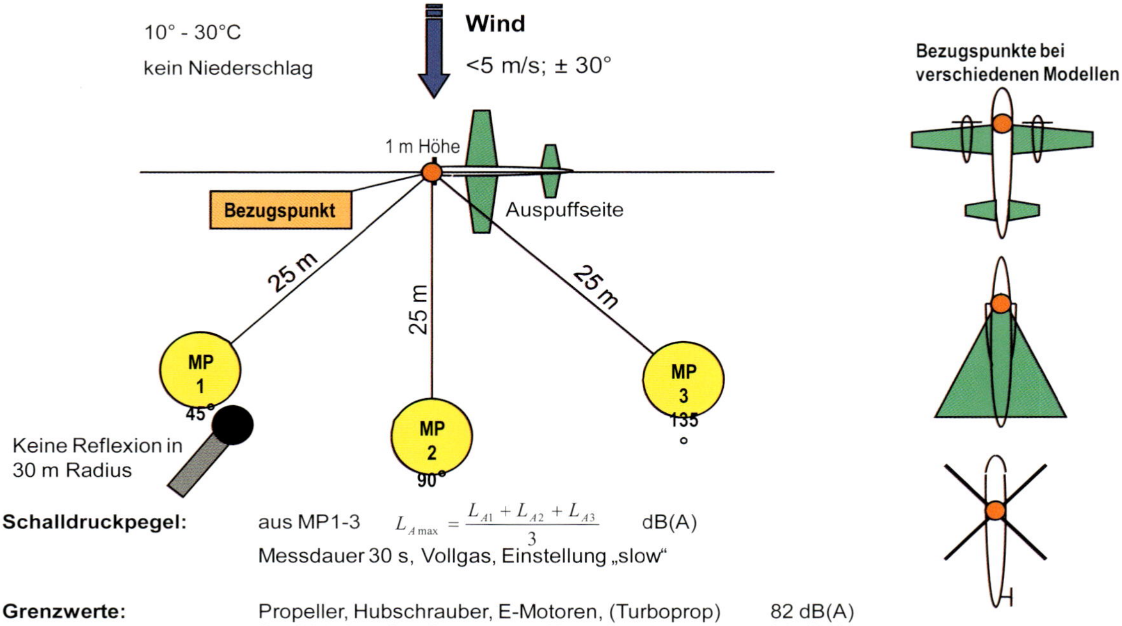

Schalldruckpegel: aus MP1-3 $L_{A\max} = \frac{L_{A1} + L_{A2} + L_{A3}}{3}$ dB(A)
Messdauer 30 s, Vollgas, Einstellung „slow"

Grenzwerte:

	Propeller, Hubschrauber, E-Motoren, (Turboprop)	82 dB(A)
	Strahltriebwerke, Gasturbinen-Hubschrauber	90 dB(A)

Bild 9.3: Die vorgeschriebene Messanordnung für den Lärmpass eines Modells berücksichtigt unterschiedliche Richtungen und Ausgangspunkte der Schallemission

Abstandstabelle C					
Aufstieg von Flugmodellen mit Turbinenantrieb während der gesamten Tagzeit (Werktage: 06.00-22.00 Uhr Sonn- und Feiertage: 07.00-22.00 Uhr)					
Gebietsausweisung / Immissionsrichtwert in dB(A)					Art des Antriebs
Gewerbegebiete	Mischgebiete	Allgemeine Wohngebiete	Reine Wohngebiete	Kurgebiete, Krankenhäuser, Pflegeanstalten	Turbinenantrieb
65	60	55	50	45	
Mindestabstand in m (auf volle 25 m gerundet, min. 300 m)					zulässiger Emissionspegel LAeq in dB(A) in 25 m
			375	375	65
			400	400	66
		300	400	400	67
		325	425	425	68
		350	450	450	69
		375	475	475	70
		400	500	500	71
	300	400	525	525	72
	325	425	550	550	73
	350	450	575	575	74
	375	475	600	600	75
	400	500	650	650	76
300	400	525	675	675	77
325	425	550	700	700	78
350	450	575	750	750	79
375	475	600	775	775	80
400	500	650	825	825	81
400	525	675	875	875	82
425	550	700	900	900	83
450	575	750	950	950	84
475	600	775	1000	1000	85
500	650	825	1050	1050	86
525	675	875	1125	1125	87
550	700	900	1175	1175	88
575	750	950	1250	1250	89
600	775	1000	1300	1300	max. je Modell 90
650	825	1050	1375	1375	91
675	875	1125	1450	1450	92
700	900	1175	1525	1525	93
750	950	1250	1600	1600	94
775	1000	1300	1675	1675	95

Bild 9.4: In der Abstandstabelle lassen sich anhand der Entfernung zu unterschiedlich eingeordneten Nachbarschaften die zulässigen Emissionswerte ablesen

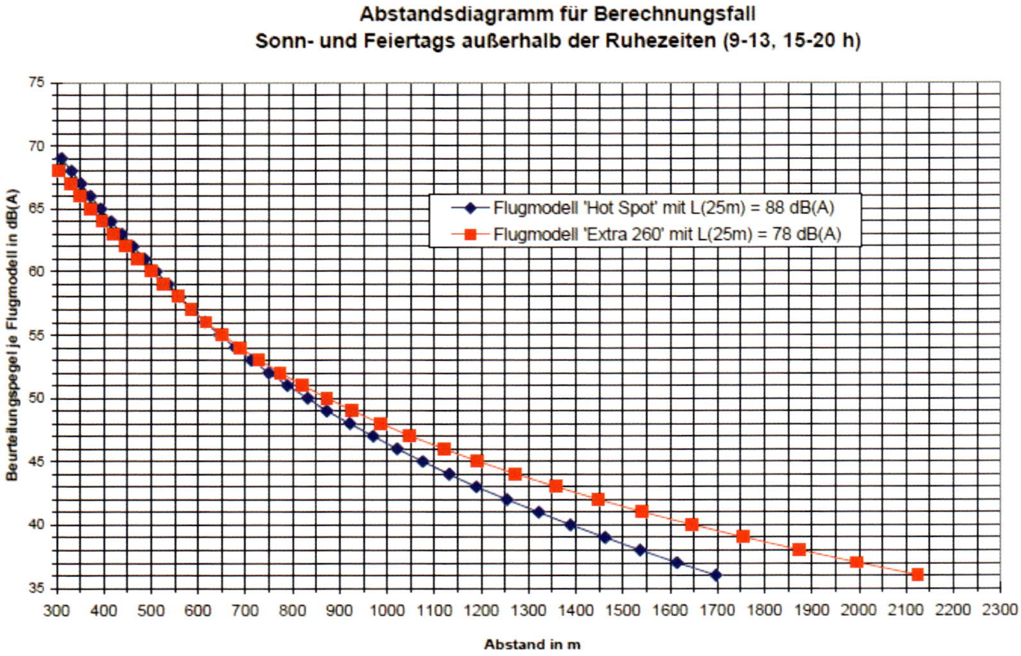

Bild 9.5: Der Lärm von Propeller- und Turbinenantrieb breitet sich unterschiedlich aus

auf 90 dB(A) begrenzt. Die Veränderungen des Schallpegels durch die Abstandsvergrößerung von 7 auf 25 m ergibt rechnerisch eine entsprechende Absenkung des Pegels um 11 dB. Da dieser Wert additiv betrachtet werden kann, können alle bisherigen Messwerte von 7 auf 25 m Abstand umgerechnet werden, indem 11 dB abgezogen werden.

Die Ausbreitung der erzeugten Schallleistung wurde auf der Basis von anerkannten Vorschriften (VDI-Richtlinie 2714) und verschiedenen Messungen in unterschiedlichen Geländetypen so vereinheitlicht, dass sie in einer so genannten Abstandstabelle (Bild 9.4) dargestellt werden kann. Dabei werden die zulässigen dB(A)-Werte des Modells entlang der Entfernung vom Flugplatz bis zu den nächsten Nachbarn angegeben, bei denen die gesetzlich festgelegten Immissionsrichtwerte (45 bis 65 dB(A)) nicht überschritten werden. Durch bereits eingearbeitete Abschläge wurden akustische Besonderheiten wie zum Beispiel die Lästigkeit von Motorengeräuschen berücksichtigt.

In diesen Gutachten hat sich gezeigt, was in der Praxis schon längst bekannt war. Die Turbinenantriebe stellen kein wirkliches Lärmproblem dar, obwohl sie in der Regel

mittlerer Pegel in 850 m in dB(A)	berechnet	gemessen
Jurassik:	47	46
Turbo Twin:	49	43
Harpoon:	57	50
Strikemaster:	52	52

Tabelle 1: Die berechneten Schallpegel für die Abstandstabellen liegen auch bei großen Entfernungen über den gemessenen Werten

die veraltete Richtlinie mit 84 dB(A) in 7 m Abstand kaum einhalten konnten. Das folgende Diagramm auf Bild 9.5 stellt die unterschiedliche Ausbreitung des Lärms dar. Obwohl das Turbinenmodell auf dem Flugplatz 88 dB(A) emittiert und deutlich über dem Wert von 78 dB(A) der EXTRA 260 mit Kolbenmotor liegt, sind beide Pegelwerte bei zirka 600 m Entfernung gleich.

Um die Akzeptanz der gutachterlichen Erkenntnisse zu erhöhen, wurden von dem Institut Sorge auch Kontrollmessungen im Gelände durchgeführt (Tabelle 1). Diese Feldmessungen fanden in 2005 auf dem Modellflugplatz Herrieden-Stadel statt. Obwohl solche Messungen häufig ihre Tücken haben, konnte nachgewiesen werden, dass die Werte in den Abstandstabellen auf der „sicheren" Seite liegen. Es ist daher nicht zu befürchten, dass die Anwendung der Abstandstabellen von ortsbezogenen Einzelgutachten, zum Beispiel bei einem Rechtsstreit, zu unzulässigen Schallpegelwerten führt.

Eine weitere Ergänzung ist die Pegelerhöhung durch den gleichzeitigen Betrieb von

Anzahl der Modelle	2	3	4	5	6
Pegelerhöhung dB	3	5	6	7	8

Tabelle 2: Pegelerhöhung bei gleichzeitigem Betrieb mehrerer Modelle

motorgetriebenen Modellen. In der Praxis dürfte es nicht möglich sein, individuelle Emissionswerte von Modellen bei der Startfreigabe zu berücksichtigen. Deshalb geht die in der Tabelle 2 aufgezeigte Pegelerhöhung davon aus, dass die gleichzeitig im Luftraum befindlichen Modelle etwa den gleichen Schallpegel als Emissionswert aufweisen, was in der Praxis nicht immer erfüllt sein dürfte. Diese Werte sind daher eher als Anhaltswerte anzusehen, bei deren Einhaltung keine unzulässige Beeinträchtigung der Anwohner zu erwarten ist.

Mit der Veröffentlichung der neuen NFL I-59/06 (Nachrichten für Luftfahrer), haben die neuen Richtlinien für die Erteilung der Erlaubnis zum Aufstieg von Flugmodellen gemäß § 15a LuftVO" Klarheit für die Jetflieger gebracht. Endlich sind nun auch die Regeln für den Einsatz von Turbinen definiert.

10. Wartung von Turbinen

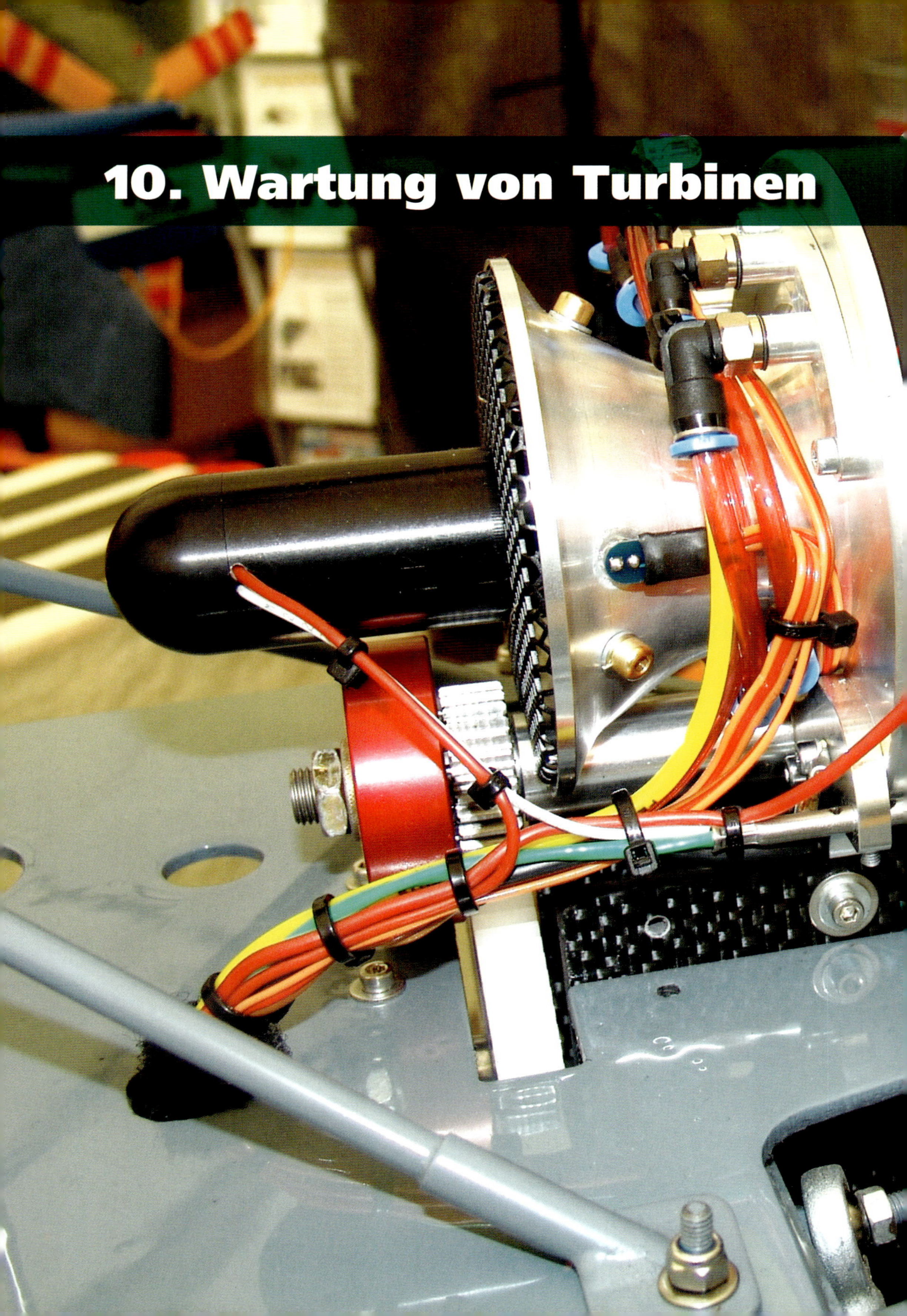

10. Wartung von Turbinen

Die im Handel verfügbaren Turbinen werden inzwischen mit empfohlenen Wartungsintervallen verkauft. Einige besitzen bereits einen Chip, der die Betriebszeiten und weitere Daten aufzeichnet. So wird die Wartung der Turbinen ähnlich organisiert, wie bei Autos. Obwohl die Turbine eine ziemlich einfache Maschine ist, muss ihre Wartung in erfahrene Hände gegeben werden. Nur so kann der störungsfreie Betrieb garantiert werden.

Da der versierte Modellflieger sich nur auf Äußerlichkeiten beschränken kann, sind Kontrollen der Verdichter- und Turbinenschaufeln, der Dichtigkeit von Anschlüssen, Funktion von Glühkerze oder Kerosinbrenner und von Laufgeräuschen durchzuführen. Außerdem sollte des Öfteren die GSU angeschlossen werden, um nach Fehlermeldungen zu sehen.

10.1 Selbsthilfe bei Problemen

Während viele Modellflieger mit ihren Kolbenmotoren und deren Vergaser die vielfältigsten Probleme gelöst haben, gibt es bei ihnen nur wenige Erfahrungen mit Modellflugturbinen. Der Grund liegt meist in dem einfachen, aber geschlossenen System der Gasturbine. Hier gibt es keine Vergasereinstellung oder endlose Anwerfversuche. Eine Turbine kann einen Lagerschaden bekommen oder einen Ausfall des Zündsystems, an ihr selbst kann aber nichts wirklich eingestellt werden. Dazu muss man sich in die ECU-Programmierung und die Steuerung der Brennstoffversorgung begeben. Hier lassen sich unter Umständen die Pumpenspannung als Funktion der Turbinendrehzahl und der Startzeit einstellen.

Die Kontrolle der Lager kann nur indirekt erfolgen, indem man beim Auslaufen des Rotors genau hinhört. Sind drehzahlsynchrone Klicks oder „Kullergeräusche" zu

Bild 10.1: Ist eine Turbine beispielsweise aufgrund eines Absturzes zu stark beschädigt, sollte man aus wirtschaftlichen Gründen eine Reparatur ablehnen

vernehmen, deutet sich ein Lagerschaden an. Von einem weiteren Betrieb der Turbine muss in einem solchen Fall abgeraten werden. Ursachen für Lagerschäden sind häufig Überhitzung nach dem Abschalten der Turbine und Verschmutzungen. Während des Betriebs liegen zwar sehr hohe Temperaturen an den Turbinenschaufeln an. Die über die Turbinenscheibe in die Welle eindringende Wärme wird aber von dem Luft-Brennstoff-Öl-Gemisch aus dem Lagerbereich entfernt. Wird der Kühlluftstrom beim Stillstand des Rotors unterbrochen, fließt so viel Wärme von der Turbinenscheibe in die Lagerstelle, dass das Öl verkoken kann und als Verschmutzung die Lager schädigt. Die von der ECU gesteuerte Abkühlphase der Turbine sollte daher nicht unterbrochen werden.

Gemessene Emissionswerte an Modellen mit Turbinenantrieb

Modell	Energetischer Mittelwert aus drei Messwerten in 25 m Abstand in dB(A)
Jurassik	84
Turbo Twin	86
Harpoon	94
Strikemaster	89
Hot Spot	88

Wer statt dem Kerosin sein Triebwerk mit Diesel befeuert, bemerkt manchmal ein geändertes Startverhalten und Verbrennungsgeräusch. Theoretisch hat die Art des Brennstoffs auf die Leistung der Gasturbine keinen Einfluss. Es muss im Prinzip nur die erforderliche Wärmemenge der Verdichterluft zugeführt werden. Doch wie im Kapitel „Brennkammer“ beschrieben, ist die Flammenstabilität in den Brennkammern eine der schwierigsten Vorgänge. Insbesondere können sich Fertigungstoleranzen und Verschmutzungsprobleme in der Brennstoffzuführung ergeben, die sich trotz sonst geringer Fertigungstoleranzen an den strömungsführenden Bauteilen auswirken. Ungleichmäßige Temperaturverteilungen am Umfang des Turbineneintrittsleitrads, so genannte Hot Spots, können dem Temperatursensor eine zu hohe Temperatur signalisieren und zu Drehzahlbegrenzungen führen. Um die Turbine vor mechanischen Schäden und Verschmutzung zu schützen, ist der Betrieb mit einem Sieb vor dem Verdichtereinlauf nur zu empfehlen.

10.2 Werkstattbesuch

Dem Modellflieger bleiben nur die Maßnahmen, bei der die Turbine nicht zerlegt werden muss. Für alle darüber hinaus gehenden Eingriffe sollte die Turbine in die Obhut des Herstellers oder eines erfahrenen Wartungsbetriebs gegeben werden. Für die firmenunabhängige Wartung haben sich einige Fachleute einen Namen gemacht und Firmen gegründet wie zum Beispiel Rescue-Turbinen-Service. In den meisten Fällen sind eine Reinigung der Turbinenkomponenten und ein Lageraustausch fällig. Außerdem ist eine Überprüfung des Wuchtzustands des Rotors erforderlich. Dies sind Arbeiten für den Fachmann. Sollen allerdings Schäden als Folge von Abstürzen (Bild 10.1) beseitigt werden, sind nicht nur Bauteile wieder aufzuarbeiten, sondern ganze Baugruppen zu ersetzen. Hier stellt sich dann die Frage, ob eine Reparatur noch wirtschaftlich sein kann. Inzwischen ist auch ein Gebraucht-Turbinenhandel in Schwung gekommen.

11. Gelegenheit zum Erfahrungsaustausch

11. Gelegenheit zum Erfahrungsaustausch

Es wird für viele Jetpiloten in ihren Vereinen auch in der Zukunft so bleiben, dass sie Vertreter einer Minderheit sind. So wird auch der notwendige Erfahrungsaustausch vorwiegend außerhalb des eigenen Vereins stattfinden. Für solche Piloten ist der Besuch von Jetveranstaltungen angesagt.

11.1 Meetings

Man kann sich über den Stand der Jetmodellfliegerei praxisnah informieren, wenn man die Jetmodellwettbewerbe und die in Europa inzwischen zahlreich stattfindenden Jet-Meetings besucht. Noch ein Tipp: Es gibt einen einfachen Weg, erstmalig mit dem Jetfliegen in Kontakt zu kommen. Jährlich finden Rookie-Meetings statt, bei denen die Anfänger eigene Steuererfahrungen mit Jetmodellen im Lehrer-Schüler-Betrieb sammeln können. Außerdem werden in Vorträgen unterschiedliche Themen zum Jetfliegen angesprochen, die auch besonders hilfreich sind bei der ersten Beschäftigung mit den Turbinen. Auch die rechtlichen Einschätzungen zum geeigneten Flugplatz und der maximalen Lärmemission werden berührt.

11.2 Wettbewerbe

Der DMFV hat bereits im frühen Stadium der Jetfliegerei, als man von der Gasturbine nur träumen konnte, die Initiative ergriffen und eigene Wettbewerbe für Jetmodelle etabliert. Die ersten Wettbewerbe waren vom Pioniergeist geprägt und führten die Impeller-Begeisterten auf einen langen Weg der Entwicklung in der Technik und den Wettbewerbsregeln. Eine ähnliche Entwicklung machen zurzeit die Elektro-Impeller durch. Auch bei Ihnen wird der Wunsch nach einem Leistungsvergleich, technisch wie fliegerisch, aufkommen. Heute hat sich die Deutsche Meisterschaft mit ausländischer Beteiligung etabliert und die Gründungsmitglieder dürfen mit Stolz behaupten, dass zum Beispiel die heutigen Regeln für die Weltmeisterschaften für Jetmodelle ihren Ursprung in dem DMFV-Regelwerk haben. Auf der jährlich stattfindenden Internationalen Deutschen Meisterschaft Jetmodelle werden die Klassen Scale, Semiscale und Kunstflug geflogen. Die Scaleklasse orientiert sich an den internationalen Regeln des IJMC (International Jet Model Commitee) und verlangt eine komplette Begutachtung des Modells in der Baubewertung und ein Flugprogramm, das der Pilot aus einem Figurenkatalog zusammenstellen kann.

Die Bewertung ist in die Kategorien Bauausführung des Modells und Qualität der Flugvorführung eingeteilt, wobei in beiden die Vorbildgetreue im Vordergrund steht. Durch die Bewertung des Gesamteindrucks der Flugvorführung wird dies besonders unterstrichen. Die Semiscaleklasse besteht als nationale Klasse aus einer vereinfachten Baubewertung und reduziertem Flugprogramm. Den Einstieg erleichtert die Sportklasse ohne Baubewertung. In der Kunstflugklasse wird ein vorgegebenes Flugprogramm mit Wendefiguren absolviert. Die Lenkungsansprüche von Wettbewerben sind recht verschieden, je nachdem ob sie internationaler oder nationaler Natur sind. Bei internationalen Wettbewerben gilt es, die Spitze der Piloten einem strengen Vergleich zu unterziehen. Bei nationalen Wettbewerben kommen aber auch Aspekte der Nachwuchsförderung und der Weiterqualifizierung hinzu. Aus diesem Grunde sind nationale Regeln mit einer besonderen Durchlässigkeit auszustatten, die es dem einzelnen Piloten ermöglicht, durch schrittweise Erhöhung der Anforderungen in die höhere Kategorie wie zum Beispiel eine Weltmeisterschaftsteilnahme zu gelangen.

Ausschreibungen findet man unter www.dmfv.aero.

Das richtige Modell

In der Sportklasse geht es im Wesentlichen um unkritische Flugeigenschaften und ein solides Fahrwerk. Ein Einziehfahrwerk sollte aber doch sein, um das Nickmoment zu neutralisieren. Da die Fluganforderungen Elemente des Kunstflugs beinhalten, bewähren sich hier Modelle mit den dort üblichen Spannweiten- und Längenverhältnissen. In der Semiscale- und Scaleklasse kommt nur ein vorbildgetreues Modell in Frage. Da in der Semiscaleklasse die Bewertung der Unter- und Rückseite entfällt und auch das Fahrwerk nicht bewertet wird, kann hier bereits ein in den Umrissen passendes Exemplar gewählt werden. Auch ein noch nicht voll ausgebautes Scalemodell ist hier von Vorteil. Alle weiteren Verbesserungen ließen sich später nachrüsten. Die neuerliche Erfahrung mit Fertigmodellen in der Semiscaleklasse ist sehr positiv, da der Sieg mehrfach mit einem ARF-Modell geholt wurde.

Baubewertung und Dokumentation

Für die Baubewertung in der Scale- und Semiscaleklasse hat der Pilot eine umfassende Dokumentation in dreifacher Ausfertigung vorzulegen. Die Punktrichter haben allein die Aufgabe, die beigebrachten Unterlagen mit dem präsentierten Modell zu vergleichen. Die Wahl des Vorbildes ist ein wesentlicher Bestandteil des Erfolgs. Hier geht es nicht um gutes Aussehen, sondern um ausreichende Unterlagen (Bild 11.1) in Form von Dreiseiten-Ansichten, Skizzen, Fotos und Farbangaben. Um eine maximale Punktzahl zu erreichen, muss der Pilot jedes Detail seines Modells (Umriss, Form, Farbe, Kennzeichnung und Funktion) in seiner Dokumentation aufführen. Häufig stimmen auch offizielle Unterlagen nicht mit den Fotos der Vorbilder überein. In solchen Fällen sind Erläuterungen oder Klarstellungen in den Unterlagen erforderlich. Häufig gibt es Probleme mit der Farbgebung. Die Punktrichter benötigen ein eindeutige Vorgabe, entweder Ral-Scala oder Farbbilder. Haben diese einen Farbstich, oder widersprechen sich einige Informationen, sind Klarstellungen erforderlich. Auch durch Weglassen von irritierender Information kann die Bewertung verbessert werden.

Flugbewertung

Fliegen heißt üben. Ohne ein ausreichendes Trainingspensum wird sich der Erfolg bei der Flugbewertung nicht einstellen. Während in den Klassen Sport und Semiscale die Bewertung des Gesamteindrucks der Vorführung wegfällt, hängt bei

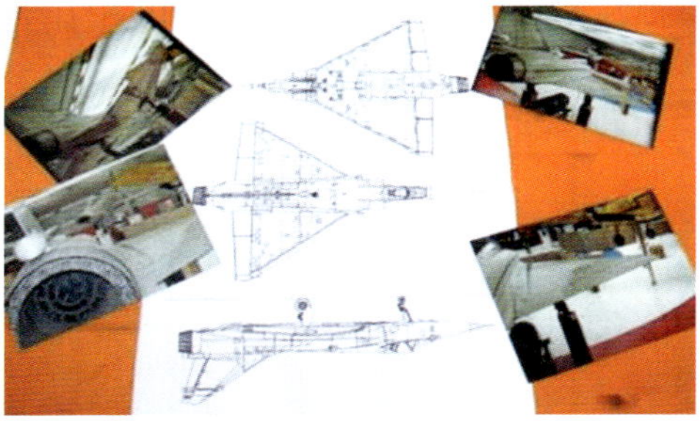

Bild 11.1: In der Baubewertung werden die beigebrachten Unterlagen mit dem Modell verglichen

der Scaleklasse ein beträchtlicher Teil der Punkte davon ab. Es ist aber in allen Fällen notwendig, die gewählten Figuren in einer flüssig zu fliegenden Reihenfolge zusammen zu stellen. Hier hilft es, sich als Trockenübung dieser Abfolge von Figuren und Wendemanövern intensiv zu widmen. Erst wenn hier eine gute Harmonie mit den Einflugshöhen und der Platzierung vor den Punktrichtern erreicht wird, kann das Flugtraining beginnen.

Die richtige Einstellung

Wie wird man Wettbewerbspilot? Der erfolgreiche Wettbewerbspilot zeichnet sich durch seinen unbedingten Willen zum Sieg aus. Aber nicht auf Kosten anderer! Bei der inneren Einstellung zum Wettbewerb ist das Interesse für eine solche Gemeinschaftsveranstaltung mit vielen Personen wichtig. Ein natürlicher Ehrgeiz, eine gestellte Herausforderung anzunehmen und zu überwinden, ist notwendig, auch für sich selbst. Wer hier die richtige Einstellung findet, der hat bereits einen großen Schritt in Richtung Spaß am Wettbewerb getan. Der Zweite ist eben nicht der erste Verlierer. Neben der Begabung für einen Sport ist die Kenntnis der Regeln eine der wichtigsten Voraussetzungen für einen Sieg. Dabei muss sich jeder Pilot erst einmal mit den gestellten Anforderungen beschäftigen. Die Regeln müssen intensiv analysiert werden, jede Möglichkeit zur Erlangung von Punkten muss ausgeschöpft werden. Die Ausschreibung ist die „Bibel". Sie genau zu kennen und interpretieren zu können, stellt einen beträchtlichen Wettbewerbsvorteil dar.

Die wirkliche Größe besteht darin, ein von Schiedsrichtern gefälltes Urteil anzunehmen. Offenbar ist das für viele eine heilsame Therapie.

12. Anhang

12. Anhang

12.1 Marktübersicht

Die stürmische Entwicklung der Modellgasturbinen ist inzwischen vorüber. Es folgt nun die Phase der kontinuierlichen Produktverbesserung, die für die Modellflieger deshalb interessant ist, weil die Turbinen „reifer“ werden. Eine Steigerung der Zuverlässigkeit, auch der elektronischen Einrichtungen, drückt sich sofort in der Kundenzufriedenheit aus. Man sollte nicht vergessen, dass die Anschaffung einer Turbine für den durchschnittlichen Hobbyetat eine erhebliche Belastung darstellt. Die Hersteller haben einerseits die Möglichkeit, die Attraktivität ihrer Produkte mit neuen Funktionen zu verbessern und müssen sich aber andererseits einem zunehmenden Wettbewerb stellen, da neue Hersteller mit einem geringeren Risiko bei der Turbinenentwicklung in diesen Markt gehen können. Erfreulich ist zum Beispiel die Entwicklung des „Kerosinstarts“ bei den Turbinen. Dieser macht die Anlagentechnik im Modell einfacher, denn die Gasversorgung im Modell ist nicht ohne Tücken.

Das Angebot von Gasturbinen für den Modellflug ist inzwischen fast riesig zu nennen. In dem angebotenen Schubbereich von 10 bis 200 N dürfte heute jede Anwendung im zulassungsfreien Modellflugbereich abgedeckt werden. Die Palette von Wellenleistungsturbinen ist ebenfalls stark angewachsen, so dass kein Hubschrauber am Boden bleiben muss. Lediglich die Propellerturbinen tun sich etwas schwerer, da sie gegen die eingeführten, großvolumigen Kolbenmotoren antreten. Aus Gründen der Aktualität wird auf eine Auflistung der am Markt befindlichen Turbinen verzichtet und auf die Webseiten der Hersteller und Händler verwiesen.

12.2 Hersteller

Turbine	Hersteller
AMT	AMT Netherlands Spaarpot 34 NL-5667 KX Geldrop www.amtjets.com
Behotec	Behotec Sonnenstraße 1 D-85232 Bergkirchen www.behotec.de
Frank	Alfred Frank Modellturbinen Tanneneckstraße 27 D-93453 Neukirchen b. Hl. Blut www.frankturbine.de
FunSonic	FUNSONIC Luxembourg Borner Hühle L-6661 Born www.funsonic.de
G Booster	Graupner Henriettenstraße 94 – 96 D-73230 Kirchheim/Teck www.graupner.de
Hawk	Hawk Turbine AB Grävlinge 22 SE-72597 Västerås www.hawkturbine.com
Jakadofsky	Jakadofsky GmbH Industriestraße 13 A-2542 Kottingbrunn www.jakadofsky.com
JetCat	Ing. Büro CAT M. Zipperer GmbH Etzenbach 16 D-79219 Staufen www.jetcat.de
JetCentral	JetCentral USA 7162 Dogwood Court North Port, Florida 34287 USA www.jetcentral.com.mx
Jets Munt Turbines	Jet Munt SL Torrent dèn Puig, 31 E-08358 Arenys de Munt www.jets-munt.com
Orbit evoJet	Orbit electronic e.K. Am Parir 4A D-52379 Langerwehe www.evojet.com
Lambert	Lambert Microturbines Gartenstraße 9 D-66916 Breitenbach www.lambert-modellturbinen.de
Pahl	www.pahlpower.com
Simjet	SimJet Denmark APS Aarhaus Airport Building 31 Stabrandvej 24 DK-8560 Kolind www.simjet.com
Wren	WREN Turbines Ltd Unit 19 Century Park Network Centre Manvers, Rotherham S63 5DE, UK www.wrenturbines.co.uk

12.3 Literatur und Formelzeichen

1. The Jet Engine
   Rolls-Royce Limited

2. Strömungsmaschinen 1
   Bohl/Elmendorf
   Vogel Buchverlag 2008

Formelzeichen und Einheiten		
A	Fläche	m^2
a	Schallgeschwindigkeit	m/s
c	Geschwindigkeit	m/s
C_A	Auftriebsbeiwert	/
h	Enthalpie (spez. Arbeit)	J/kg
M	Moment	Nm
m	Massenstrom	kg/s
n	Drehzahl	1/min
p	Druck	N/m^2=Pa
P	Leistung	W
r	Radius	m
R	Gaskonstante	J/kg °K
T	Temperatur	°K=°C+273
u	Umfangsgeschwindigkeit	m/s
w	Relativgeschwindigkeit	m/s
Y	spez. Strömungsarbeit	J/kg
ρ	Dichte	kg/m^3
κ	Isentropenexponent	/

12.4 Schlussbemerkungen

Die Kapitel der Turbinentechnik liegen weit zurück, da in diesem Buch das gesamte Antriebssystem mit seinen Besonderheiten dargestellt wurde. Parallel zur Etablierung der Turbinen im Modellflug haben sich in mehreren Bereichen Anstöße zu neuen Entwicklungen gegeben. Das wird bei der ausgeklügelten Fahrwerks- und Bremstechnik besonders deutlich. Aber auch die Automatisierung des Startvorgangs der Turbine sucht im Modellflug seines Gleichen. Das Fliegen von turbinengetriebenen Jetmodellen war in der Vergangenheit kaum von gesetzlichen Bestimmungen erfasst und daher ungenau geregelt. Mit dem neuen Zulassungsverfahren wurde Klarheit geschaffen. Der Selbstbau von Turbinen ist nicht Thema dieses Buchs. Dennoch war es wichtig, die Theorie und Praxis der Gasturbine im Modellflug einem großen Publikum vorzustellen. Die Turbine als Antriebssystem in der heutigen Luftfahrt wird auch im Modellflug ihre Position weiter ausbauen können.

AIRBUS A380-900
A38

JAL
J Bird
Japan Airlines
JA 8586